KB264149

가을빛
겨울차
이은주
이민정
김미연
신주영
김종숙
대경북스

가을빛 겨울차

1판 1쇄 인쇄 2025년 12월 19일
1판 1쇄 발행 2025년 12월 26일

발행인 김영대
펴낸 곳 대경북스
등록번호 제 1-1003호
주소 서울시 강동구 천중로42길 45(길동 379-15) 2F
전화 (02)485-1988, 485-2586~87
팩스 (02)485-1488
홈페이지 http://www.dkbooks.co.kr
e-mail dkbooks@chol.com

ISBN 979-11-7168-124-2 13590

프롤로그

그런 시간이 당신에게도 있다면

산비탈 들판의 벼가 벌써 고개를 숙였다. 9월부터 피기 시작한 보라, 청, 분홍, 하양, 붉은 나팔꽃이 온 들판을 수놓고, 저기 단감나무집의 감나무에도 덩굴이 타고 올랐다. 멀리서 보면 감나무인지 꽃나무인지 헷갈릴 정도다.

이 동네로 이사 온 뒤, 나는 다섯 가지 나팔꽃 색을 모두 만났다.

허무하고 덧없는 사랑의 슬픔을 품은 파란 나팔꽃,

순수와 넘치는 기쁨, 인연을 상징하는 하양 나팔꽃,

친절하지만 충분치 않은 마음처럼 변덕 많은 분홍 나팔꽃,

냉정과 평정 사이를 오가며 깊고 차분한 사랑을 말하는 보라 나팔꽃,

그리고 열정적이되 덧없는 사랑을 닮은 붉은 나팔꽃.

매일 아침, 이 꽃들을 벗 삼아 걷는 일이 요즘 내 삶의 가장 큰 축복이다.

꽃은 결혼식과 기념일의 축제에서 기쁨을 표하고, 때로는 누군가의 마지

막 길을 애도하는 문화 속에서도 핀다. 그 다양한 이야기가 좋아 나는 꽃차를 시작했다. 처음 꽃차를 만들던 날의 설렘은 이루 말할 수 없었다. 보기만 하던 꽃의 색과 향을 그대로 고정해 그 빛을 물에 우려 마신다는 것은 예전의 나로서는 상상하지 못한 혁신이었다.

시작 무렵에는 꽃을 찾아 온 산과 들을 헤맸다. 바닷가의 산야초를 만나러 가지 않은 곳이 없었다. 급기야 폴리텍대학 평생교육원에 들어가 함께 산을 타고 바다를 건넜다. 배운 것을 사람들에게 나누다 보니, 그들을 위해 '한국약선차꽃차협회'를 세우게 되었고, 마침 우리나라에 꽃차 열풍이 일던 때라 배움의 자리는 금세 채워졌다.

그러나 곧 꽃차 제다의 한계를 보았다. 약선차를 공부했지만, 그것마저 유한함을 깨닫고 6대 다류를 배우기 위해 다례원을 전전했다. 이후 다도대학원의 문을 두드렸다. 그곳에서 비로소 '진짜 차'를 만났다. 그리고 내가 배운 6대 다류의 제다법을 우리 산야초와 꽃에 적용했다.

알고 보니 차는 어렵지 않았다. 재료의 특성을 살려 가장 맛있게 만드는 길은 생각보다 간단했다. 올바른 제다, 재료의 성정 이해, 가장 잘 우러나도록 돕는 공정, 그리고 어울림과 브랜딩. 그 길을 알아갈수록 '한국약선차꽃차연합회'는 더욱 붐볐다. 내게서 배운 제자들이 다시 제자를 길러냈고, 배움의 사슬은 길고 단단해졌다.

오늘도 들판의 벼가 숙이고, 나팔꽃이 열린다. 덧없음을 품은 빛과 향을 찻잔에 고정해 나누는 일. 그게 내가 이곳에서, 이 계절마다 다시 시작하는 이야기다.

이번 《가을빛 겨울차》는 '한국약선차꽃차연합회'의 뜻있는 제자 네 분과 함께한 공저다. 나는 언제나 뜻을 세우고 곧장 실행하는 일을 좋아한다. 이 책도 그 마음에서 시작되었다. 보감차문화원 이민정 원장님, 티룸깃비 김미연 원장님, 행담차문화원 신주영 원장님, 동백차문화원 김종숙 원장님과 함께 가을차와 겨울차의 이야기를 먼저 펼친다. 그리고 다음 봄에는 봄차와 여름차를 잇겠다. 봄·여름·가을·겨울, 우리 생활 주변에서 피고 자라는 산야초와 꽃으로 사계절의 차 이야기를 온전히 담아내려 한다.

이 글을 쓰는 동안 나는 여러 번 울었다. 그때 그 시간들이 주마등처럼 스쳐갔기 때문이다. 우리의 삶은 늘 그렇다. 꽃처럼 살고 싶지만, 때로는 지하 20층 같은 어둠을 건너야 할 때가 있다. 견디기 힘든 시간이 하루라도 빨

리 지나가길 바라며 잠들던 밤도 있었다. 그런 시간이 당신에게도 있다면, 나는 차를 권하고 싶다. 마셔도 좋고, 만들어도 좋다. 무엇이든 한 잔의 차가 건네는 위로는 가벼운 말 한마디보다 깊고 오래 남는다.

차는 어쩌면 나를 가장 잘 아는 친구인지도 모른다. 쓰고 달고 향기로운 그 온기가, 나를 알아채고 일으켜 세우며 다시 걸어가 보라 응원해 준다. 결국 우리가 사는 시간 속에서 '나를 돌보는 시간'을 스스로에게 선물하자는 이야기다.

이 가을, 제자들과 함께 책을 내며 서로를 더 또렷이 볼 수 있어 좋았고, 서로의 길을 응원할 수 있어 더할 나위 없이 좋았다. 잔 속에서 번지는 한 모금의 따스함처럼, 우리의 배우고 가르치는 일도 그렇게 번져 나가길 바란다. 이 책이 당신의 하루에 작은 위로 한 모금을 보태주기를, 그래서 내일의 당신이 오늘보다 조금 더 단단해지기를 소망한다.

2025년의 가을과 겨울을 차 한 잔에 담아,
연우 이은주 드림

차　례

사계절을 마무리하는 가치들의 겨울 풍경 _ 173

그 해 가을이 우리에게 주었던 감정 풍경

여름의 열기가 물러나고 나뭇잎이 서서히 색을 바꾸기 시작했다. 창밖 세상은 빠르게 흘러가지만, 그 속에서 잠시 걸음을 멈추고 자신을 돌아보는 순간, 몸과 마음은 서서히 안정을 찾아간다. 한 잔의 차는 그 순간, 계절을 더욱 가까이 느끼게 해 주는 따뜻한 동반자가 된다.

《가을빛 겨울차》 속 가을 장에서는 풍요로움을 찻잔 안에 담아낸 기록을 만날 수 있다. 다섯 명의 차인이 각자의 삶과 감성을 녹여낸 스무 가지 향과 온기가 이 안에서 고요히 피어난다.

가을이 주는 풍성함은 봄이나 여름과는 다르다. 봄과 여름이 새순과 꽃이 피어나는 생명력의 계절이라면, 가을에는 열매와 뿌리, 약성이 좋은 가지가 중심을 이룬다. 실제로 가을 차에는 국화과 꽃 몇 종류를 제외하면 거의 대부분이 열매와 뿌리다.

가을 차는 단순한 음료가 아니다. 찻잎과 열매, 뿌리가 거치는 여러 과정—데치고, 덖고, 숙성하고, 발효되는 시간—마다 계절의 숨결과 차인의 마음이 스며든다. 차를 한 모금 입에 머금으면, 땅의 풍요와 바람의 선선함이 동시에 느껴지고, 그 안에서 자연과 인간이 함께 만들어낸 조화로운 시간을 마주하게 된다. 차 한 잔 속에서 계절이 흐르고, 지난 시간의 기억과 오늘의 마음이 부드럽게 이어지며, 가을의 깊은 여운을 음미할 수 있다.

다연(茶蓮) 이민정

한국약선차꽃차연합회 협력기관 제70호 보감차문화원 대표

김해 장유 율하의 작은 뒷골목에서 보감차문화원을 꾸리고 있어요. 이곳에서 발효차·약선차·꽃차 차생활지도사 전문가 과정을 운영하고, 김해의 차 문화공간으로 누구나 차를 가까이 만나도록 돕고 있습니다.

우리 공간은 말 그대로 배우고, 우리고, 나누는 생활형 공간이에요. 문을 열면 카페처럼 편안하고, 자리에 앉으면 공방처럼 손이 자연스레 움직입니다. 잔을 올리고, 향을 맡고, 온도와 시간을 맞춰 보면서 배움이 흐름처럼 이어지죠. 한 잔이 입에만 남지 않고 하루에 남도록 그런 마음으로 차와 사람, 일상을 잇고 있습니다.

전업주부 15년 차에 '정작 나를 위해 해 준 것은 하나도 없구나.'라는 마음으로 꽃차 수업을 시작했습니다. 선물 같은 배움 속에서 눈물이 맺히던 날들을 지나 꾸준히 기록하고 확인하며 공부를 이어 왔습니다.

그 시간들이 쌓여 4년 만에 보감차문화원 원장으로 서게 되었고, 차를 처음 시작하던 그때의 마음을 기억하며 자료 준비와 수업을 진행 중입니다. 이후 원데이·정기·시음·체험, 기관·단체 출강으로 배움의 폭을 넓히며 현장의 요구를 수업에 반영하고 있습니다.

협회장님과 함께 중국 귀주성의 차산지를 직접 돌았고, 한국 차 기행과 이싱(宜興, 의흥)과 윈난(云南, 운남)으로 발걸음을 더해 현장에서 얻은 감

각을 교육에 연결할 예정입니다. 배움이 희망과 자기 사랑, 평안으로 이어지게 하는 것. 보감차문화원의 분명한 방향입니다.

그 외에도 차 향을 해치지 않는 한식 디저트 페어링을 기획하고 운영하며, 차와 음식이 주는 조화로운 순간을 사람들과 나누고 있습니다. 생글로리의 아트살롱이 주체가 되어, 45년 경력의 오정엽 미술사가와 함께 미술힐링 인문학 강좌를 콜라보하며 예술과 차가 만나는 시간, 마음에 여유와 영감을 건네는 자리를 만들어가고 있습니다.

공저 참여와 교육, 그리고 생활 속 차의 기록과 연재를 통해 작은 일상 속에서도 차와 함께하는 풍요로운 순간을 발견하고 기록합니다.

보감차문화원에서 제가 전하고 싶은 마음은 단순합니다. 차 한 잔을 마시는 시간 속에서, 바쁘고 복잡한 일상에서도 잠시 멈춰 숨을 고르고 마음을 살피는 여유를 느껴 보길 바라는 것이지요. 한 잔의 차가 주는 온기와 향, 그리고 배우고 나누는 경험은 단순한 배움이 아니라 자신을 돌아보고 사랑하는 마음으로 이어집니다. 작은 순간 속에서도 삶의 풍요와 평안을 발견하고, 오늘을 조금 더 따뜻하게 살아가는 힘이 되는 것. 제가 차를 통해 독자 여러분과 나누고 싶은 진심입니다.

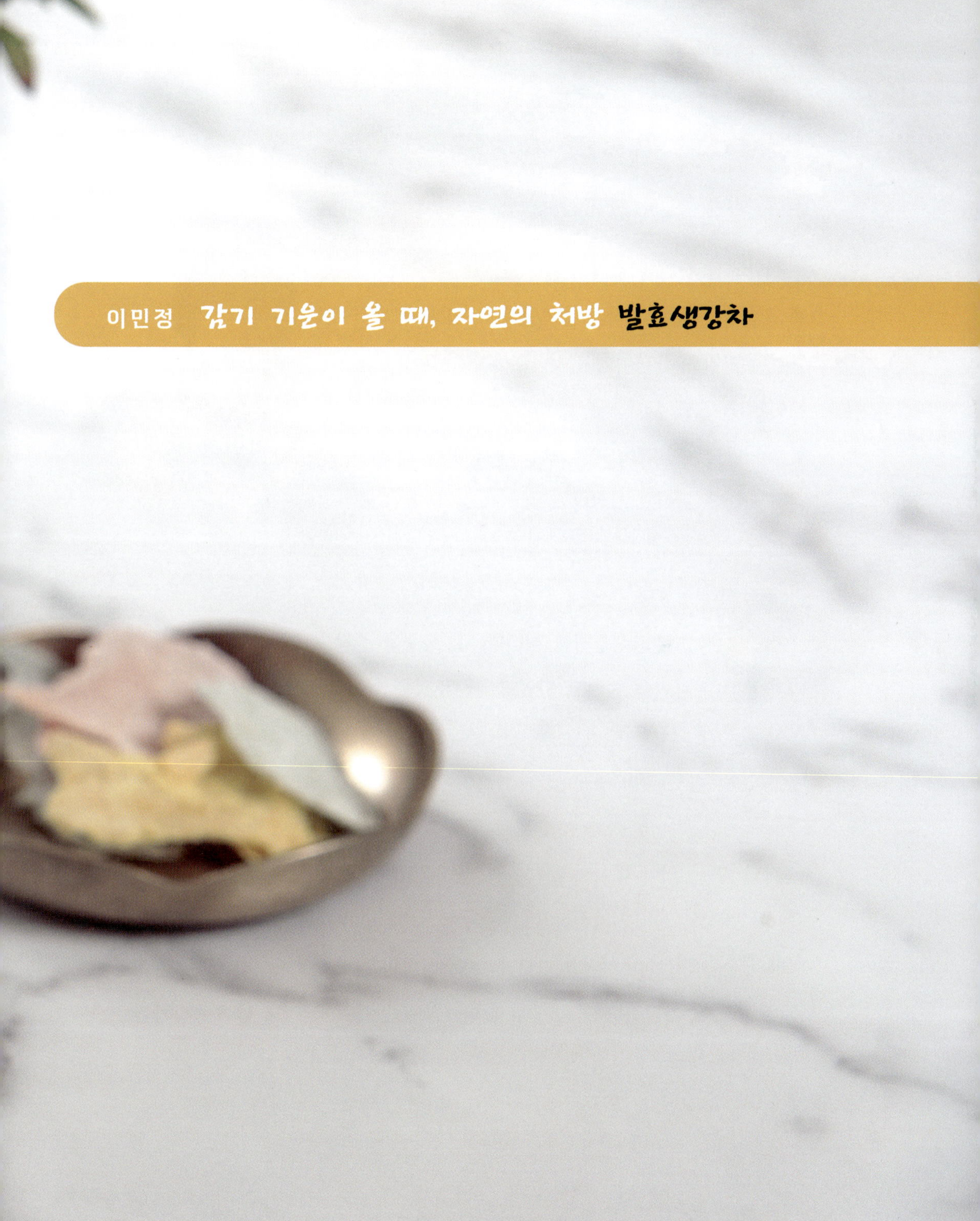

이민정 감기 기운이 올 때, 자연의 처방 발효생강차

빈 가지: 기다림이 키운 감사

웬만해선 감기에 걸리지 않는 나인데, 올가을엔 유난히 지독한 감기가 찾아왔다. 목이 따갑고 몸이 무거워도 움직여야 했다. 오히려 다행이다. 몸이 힘들어도 손이 바쁘면, 마음이 덜 시리니까. 차 만드는 사람이 감기라니. 어서 빨리 건강해진 모습을 보이고 싶었다.

이민정

아무도 뭐라 하지 않는데, 내 마음이 조급해졌다. 몸보다 마음이 더 앞질러 뛰던 며칠이었다.

마지막 남은 발효생강차를 꺼냈다. 잘 숙성된 생강 조각들은 은은한 색을 띠며 고요히 자리를 지키고 있었고, 병 뚜껑을 여는 순간 부드러운 향이 천천히 올라와 코끝을 스쳤다. 그 은근한 향에는 작년 가을의 공기가 조용히 배어 있어, 잠시 멈춰 서게 했다.

작년 가을, 엄마 밭에서 캐 온 생강 100kg. 묵묵히 등 돌리고 앉아 껍질을 하나씩 까 주시던 엄마의 뒷모습이 떠올랐다. 흙이 잔뜩 묻은 뚝뚝해진 엄마의 손. 껍질이 벗겨질 때마다 번지던 엄마의 미소.

그 생각이 가슴을 따끔하게 스쳤다. 그때 만들어 두었던 발효생강차가 이렇게 한 해를 넘겼다. 차갑던 계절을 지나며 천천히 익어 갔고, 단맛과 매운맛이 서로의 모서리를 다듬듯 스며들었다. 발효는 기다림의 다른 이름이었다.

급하게 만들 땐 얻을 수 없는 향, 시간이 만들어준 깊은 맛. 어쩌면 그리움도 그렇다. 서두르지 못해 천천히 익어가는 마음, 그 느린 시간 속에서 비로소 따뜻해지는 것들. 생강은 차가운 계절을 버티게 하는 뿌리다.

매운맛으로 몸속의 냉기를 밀어내고, 따뜻한 기운으로 속을 덮어준다. 옛사람들은 생강을 '겨울의 약'이라 불렀다. 독을 풀고 기운을 돌게 하며, 마음까지 데워주는 향이라 했다. 나는 물을 데우고, 발효생강차를 우렸다.

김이 피어오르며 코끝이 따끔해졌다. 눈이 뜨겁게 달아오르고, 온몸이 뜨거워졌다가 이내 스르륵 식었다. 그 열이 가라앉는 동안, 묘하게도 마음이 놓였다. 몸이 낫는 건 시간이 하는 일이지만, 마음의 회복은 이런 잔을 드는 순간마다 찾아온다.

따뜻한 향 속에, 엄마의 손끝과 내 지난 시간들이 조용히 녹아 있었다. 잔을 내려놓으니 방 안에 생강 향이 가득하다. 코끝이 아직 따갑지만, 그게 좋다.

이 향 속에는 엄마의 손,

나의 계절,

그리고 내가 견뎌낸 시간들이 함께 있다.

따뜻한 것은 언제나 멀리 있지 않았다.

오늘도 그 사실이 나를 살게 한다.

 **발효생강차 만드는 방법**

 **준비물**
● 생강

 만드는 법
① 생강을 깨끗하게 씻어서 껍질을 까
　고 적당한 크기로 자른다.
② 찌고 식히기를 반복 9증9포 한다.
③ 고온습열로 발효시킨다.
④ 80~90℃ 정도에서 완전히 건조한다.

 우리는 방법
① 발효생강차 2g에 85~90℃의 뜨거운 물 250ml를 붓고 3분 우린다.
② 물을 계속 추가해서 5회 이상 재우림 가능하다.
※ 냉침을 권하지 않는 이유 : 생강의 매운맛과 향은 저온 물에 거의 녹
　지 않는다.

[TIP] 블렌딩 팁

- 보온·순환(손발 냉증, 몸살기운 전후) : 생강 + 대추 + 계피
- 소화·더부룩(식후 더부룩, 트림 잦음) : 생강 + 진피 + 곽향 1(선택)
- 목·가래(환절기 칼칼함, 묽은 가래) : 생강 + 도라지 + 배 + 대추
- 기력 보강(잦은 피로감, 쉬운 권태) : 생강 + 황기 + 대추
- 초기감기·근육 뻣뻣(목·어깨 당김 동반) : 생강 + 갈근 + 계피
- 눈·머리 맑게(모니터 피로, 답답함) : 생강 + 국화 + 감초
- 여성 냉증·순환(아랫배 냉감·쥐남) : 생강 + 계피 + 당귀 또는 작약
- 긴장·멍함 차단(카페인 없이 각성) : 생강 + 레몬그라스 + 로즈마리

이민정 그대가 생각나는 가을, 천일홍 꽃차

햇살: 창가에 머문 포근함

이민정

나는 창가를 참 좋아한다.

시시때때로 변하는 하늘 구경에 시간 가는 줄을 모르고, 커튼을 젖히며 들어오는 바람이 항상 반갑다. 그 바람이 때때로 문화원에 들어오면 꽃내를 구석구석 다 뿌리고 도망간다.

오후 4시.

뜨겁고 붉은 햇살이 가장 깊게 들어오는 그 시간이면 열심히 차를 닦던 내 손도 잠시 쉬고 온통 붉어진 이 공간을 바라본다. 하루 중 가장 포근한 시간이다.

올해는 행사가 참 많았다. 그때마다 내가 제일 먼저 앞세운 차는 언제나 천일홍 꽃차였다. 마시는 분들의 긴장은 물론 나의 긴장도 한 번에 풀어주는 차이기 때문이다. 뜨거운 물을 붓고 차를 우리면 향은 강하지 않게 유리 다관에 선홍빛이 아지랑이처럼 천천히 퍼져 나간다. 여기저기서 감탄이 터져 나온다. 소녀처럼 맑고 붉게 피어오르는 미소들을 마주할 때마다 내가 처음 꽃차를 시작하던 마음이 떠오른다.

차를 만두는 시간은 나에게 주는 선물이었다. 너무 좋아 눈물이 났던 날도 있었다.

나는 그런 일을 하고 있다. 너무 좋아서, 너무 감사해서 눈물이 나는 일.

천일홍은 작은 꽃송이가 동그랗게 모여 있는 모습만큼이나 색깔도 다채롭다. 가장 흔하게 떠올리는 색은 보라와 자주빛이다. 해가 잘 드는 곳에서 자란 천일홍은 선명한 자주색을 띠며, 마른 뒤에도 그 색이 크게 흐려지지 않아 정원용뿐 아니라 드라이플라워로도 사랑받는다. 가까이 들여다보면 꽃 한 송이 안에도 짙은 보라와 연한 자주빛이 겹겹이 섞여 있어, 작은 구슬 같은 느낌을 준다.

보라색 외에도 진분홍과 연분홍 천일홍은 부드럽고 사랑스러운 분위기를 만든다. 강렬함보다는 은은한 기운이 필요할 때, 분홍 계열 천일홍을 곁들이면 주변 공간이 한결 따뜻해진다. 순백색 천일홍은 다른 색과 함께 두었을 때 더 빛이 난다. 알록달록한 꽃다발 사이에서 포인트가 되어 색의 균형을 잡아준다. 반대로 붉은색과 와인빛 천일홍은 강렬한 존재감을 드러내며, 가을·겨울 계절 장식이나 깊은 색감의 차와도 잘 어울린다.

어떤 붉은 천일홍은 마른 뒤에 살짝 톤 다운된 와인색으로 변해, 시간을 견딘 색의 깊이를 느끼게 한다.

품종에 따라 오렌지빛, 살구빛, 살몬 컬러를 띠는 천일홍도 있다. 이 색들은 노란 계열 꽃이나 베이지 색감의 소품과 함께 두면 부드럽고 따뜻한 인상을 준다. 요즘에는 씨앗 단계에서부터 여러 색이 섞인 믹스 품종도 많이 재배하는데, 한 화분에 보라, 분홍, 흰색이 함께 피어 작은 꽃밭처럼 보이기도 한다.

천일홍이 특별한 이유는 우리가 '꽃잎'이라고 생각하는 부분이 사실은 색깔을 띤 포엽(꽃을 감싸고 있는 깍지)이라는 점이다. 이 포엽 덕분에 꽃차로 덖거나 건조해도 색이 비교적 잘 유지되고, 드라이플라워로 만들었을 때도 오래도록 선명한 색을 감상할 수 있다. 그래서 천일홍은 정원에서 볼 때도 아름답지만, 다 마른 뒤에도 여전히 책상 위, 찻상 위에서 색으로 계절을 전해 주는 고마운 꽃이다.

천일홍의 꽃말은 불후, 불변, 그리고 변하지 않는 사랑이다.

오래 시들지 않고 색을 그대로 간직하는 꽃이라서 붙은 뜻이다.

나는 찻자리에서 천일홍을 우릴 때마다 오래전부터 전해 내려오는 천일홍의 사랑 이야기를 들려준다. 집을 떠난 남편을 끝까지 기다린 아내가 있었다. 사람들은 이제 그만 잊으라고 했지만 아내는 꽃이 지는 순간까지 언덕을 떠나지 않았다. 그 마음에 하늘이 감동해 꽃이 천 일 동안 시들지 않게 했고, 그 꽃이 천일홍이 되었다는 이야기다.

나는 그 이야기 속에 담긴 마음이 좋다. 흐르는 시간 속에서도 금세 사라지지 않고 조용히 제자리를 지키는 마음. 누군가를 오래 기억하고 오래 바라보는 마음. 그 마음들이 창가의 빛과 바람 속에서 조용히, 그리고 포근하게 이 자리를 잡아준다.

 **천일홍 꽃차 만드는 방법**

 **준비물**
- 천일홍꽃

만드는 법
① 천일홍꽃을 깔끔하게 손질한다(한 두 잎 남겨두기를 추천).
② 타공팬에 잘 다듬어진 꽃을 올리고, 80~90도 정도 되는 온도에서 5~10분간 둔다. 꽃이 가진 자체 수분만으로 익힘을 하는 과정이다
③ 익은 꽃은 열이 남지 않도록 빠르게 식혀준다.
④ 40~50도 사이의 팬 온도에서 굴려 가면서 건조한다.
⑤ 수분을 체크한 후 소독한 병에 병입한다.

제다 시 주의 사항
온도가 조금만 높아도 꽃의 색이 변한다. 가급적 가장 낮은 온도로 건조한다.

우리는 방법
① 천일홍 꽃차 5~6송이에 85~90℃의 뜨거운 물을 붓고 빨리 씻어낸다(세차).
② 뜨거운 물 250ml를 부어 1~2분 정도 우린다.

③ 우릴 때마다 맛이 달라진다. 4회 이상 재우림 가능하다.

④ 여름 응용: 냉침으로 우릴 시, 얼음을 컵에 가득 넣고 진하게 우린 꽃
차를 붓는다. 향긋하고 고운 색을 즐길 수 있다.

TIP 블렌딩 팁

● 백년초 열매와 블랜딩하면 새콤달콤

● 로즈마리차와 블랜딩하면 은은한 천일홍 꽃차의 색과 향긋한 로즈마리
환상의 궁합

이민정 밤새 지친 몸을 깨워 주는 회복차, 헛개열매차

산들바람: 조용히 전하는 다정함

이민정

태풍이 지나가고, 세상이 비로소 잦아들었다.

숨 막히게 덥고, 땀이 삐질삐질 흐르던 그때, 어디선가 살짝 산들바람이 불어왔다. 숨이 막히는 것은 유독 몸만의 일이 아니다. 마음에도 폭염은 시시때때로 찾아온다. 그럴 때면 눈치 빠른 동생이 먼저 말을 건넨다.

"언니야, 나는 네가 내 언니라서 참 좋다."

사는 게 늘 행복만 있을 수는 없다 보니, 아픈 마음을 들키지 않으려 애쓰던 밤들이 있었다. 그 밤마다 여동생은 이렇게 조용히 내 옆을 지켜주었다. 소리 높여 위로하지 않아도, 곁에 있어 주는 온기가 산들바람처럼 마음을 식혀 주었다.

"이날은 꼭 시간 비워야 한다, 약속이다."

사랑하는 언니들은 숨이 가쁘게 살아가던 나에게 '틈을 내주는 법'을 가르쳐 주었다. 아무리 바빠도, 아무리 지쳐도, 그날만큼은 나 자신을 위한 시간을 비워두라고, 마치 숙제를 내주듯 다정하게 이끌어 주었다.

"다연 선생님, 지금도 잘하고 있어요. 응원해요."

선생님들의 짧은 한마디는 지친 마음을 다시 일으켜 세우는 따뜻한 지지

였다. 그 말 한 줄이, 하루 종일 마음을 버티게 해주었다. 그렇게 수없이 많은 산들바람이 내 땀을 식혀 주고, 작은 숨을 쉴 수 있게 해주었다.

그 조용한 다정함, 마음에 소리 없이 불어오던 훈풍은 자연스레 힘겹던 시절 내 곁을 지키던 남동생을 떠올리게 한다. 열다섯 해가 훌쩍 넘은 그 시절, 우리는 서로에게 미안한 마음 하나로 앞만 보고 버티며 살아가고 있었다. 그때 내 곁에는 늘 어린 남동생이 있었다.

남동생의 세월은 잘도 흘러갔다. 금세 스물두 살이던 남동생은 어느새 마흔을 앞두고 있다.

어느 날, 남동생의 부탁으로 처음 헛개열매를 손에 쥐었다. 동생의 첫 부탁에 열심히 살고 있음을 증명이라도 하듯이 신나게 여기저기 전화해서 헛개열매를 찾았다. 진주에 사는 선생님께서 어렵게 구해 보내주신 아주 튼실한 열매였다. 울퉁불퉁 세월을 살아온 내 모습을 닮았다. 알알이 검게 번진 열매는 작지만 손에 쥐었을 때 묵직했다. 나를 위로하던 동생을 위한 첫 차에 온 마음을 실었다.

증제하고 건조하고, 다시 증제하고 건조하는 9증9포의 과정을 거치는 동안, 맛은 더 깊어지고 내 스스로 해내고 있음이 대견해서 고단함 따위는 없었다. 누구 부탁인데.

저녁 다섯 시부터 새벽 다섯 시까지, 불빛 아래에서 조용히 끓던 냄비.

　　그 앞을 스쳐 지나가던 웃음들, 그리고 시간이 갈수록 짙게 내려앉던 피곤한 숨을 몰아쉬며 헛개열매는 차가 되어갔다.

　　헛개열매는 회복의 차다. 피로를 풀고 간을 돌보며, 몸을 맑게 해준다. 하지만 내게 이 차는, 몸보다 마음을 먼저 어루만져 주는 차였다. 무거웠던 순간까지 떠안으며 여기까지 온 시간들 그리고 그 곁을 지켜준 사람들의 감사한 온기를 다시 떠올리게 하는 맛. 한 모금 머금으면 "달다 달아. 인생도 이렇게 달기만 하면 얼마나 좋을까!" 눈으로 먼저 감동하고 입이 말을 한다.

　　오늘의 피로가 스르르 풀리는 순간, 누군가의 말 한마디, 누군가의 조용한 손길, 그리고 한 잔의 차가 전해주는 온기. 그 모든 산들바람 같은 다정함이, 지금의 나를 여기까지 데려다주었다. 헛개열매 차 한 잔에는 그래서, 내가 견뎌낸 밤들과 곁을 지켜준 사람들의 얼굴이 함께 우러나 있다

 ## 헛개열매차 만드는 방법

 ### 준비물
- 헛개열매(지구자), 소금, 감초, 쥐눈
  이약콩

만드는 법
① 헛개열매를 깔끔하게 손질하고 헹
   군다.
② 소금물에 헛개열매를 1차 증제
   후 건조한다.
③ 2차 감초물에 증제 후 건조한다.
④ 3차 증제는 쥐눈이약콩 삶은 물에 증제 후 건조한다. 2번과 4번 공정
   을 반복하여 9증9포를 진행한다.
⑤ 충분히 식힌 후에 전기팬에서 덖으면서 완전 건조한다.

우리는 방법
① 헛개열매차 2g에 85~90℃의 뜨거운 물 250ml를 붓고 3분 우린다.
② 물을 계속 추가해서 5회 이상 재우림 가능하다. 냉침해서 우려 마셔
   도 된다. 헛개열매차의 구수하고 달큰한 깊은 맛을 느낄 수 있다.

[TIP] **블렌딩 팁**

- 지방간에 도움되는 차: 헛개나무＋헛개열매＋상백피＋구기자＋인진 쑥＋죽엽＋송엽

[TIP] **음용시 팁**

- 이미 간이 손상된 분에게는 권하지 않는다. 숙취에 좋다고 하는데 그보 다 술 마시기 전에 마시면 술이 덜 취한다.

이민정 향으로 감싸 안는 로즈마리차

낙엽길: 발자국이 남긴 회상

이민정

김치 두루치기가 지글거리는 소리, 계란찜에서 피어오르는 김이 부엌 창을 살짝 흐리게 했다. 아이들과 마주 앉아 수저를 맞부딪치고, 서로의 하루를 한 숟가락씩 건넸다.
"우리 엄마, 최고."
그 한마디가 등허리를 따뜻하게 덮는다.

식탁을 정리하고 나니 집 안이 고요해졌다. 작은 쟁반에 잔 하나, 주전자 하나, 로즈마리 한 꼬집을 올린다. 급히 익히지 않고, 백차처럼 그대로 두면 향이 스며든다는 걸 나는 안다. 기다리는 시간만큼 초록의 숨이 잔에 오래 머문다.
첫 모금을 넘기면 창밖 낙엽길이 떠오른다. 오늘도 우리가 남긴 작은 발자국들이 겹겹이 쌓여, 조용히 나를 안심시킨다. 잠든 아이들 머리카락을 살짝 쓰다듬으러 가야겠다. 내일은 우리 더 활짝 웃을 수 있을 것 같다.

홀로 선 첫 가을이지만 두 아이와 나, 우리 셋의 시간이 이 향처럼 은근히 이어진다. 그래서 고맙고 고맙다. 나의 가을은 이렇게 로즈마리의 향으로, 포근하게 물들어 간다.

 # 로즈마리차 만드는 방법

 준비물
● 로즈마리

만드는 법

① 로즈마리를 깨끗이 씻어 물기를 빼고, 새끼손가락 한 마디 길이로 손질한다.
② 채반 위에 로즈마리를 15~20cm 두께로 두껍게 쌓아둔다.
③ 위조 시간은 보통 16~20시간이며 중간 중간에 교반해 준다.
④ 위조가 끝나면 바로 40℃ 낮은 온도에서 건조시킨다.

우리는 방법

로즈마리는 경발효제다법으로 만들어 내포성이 좋은 편이다. 첫 잔을 우리고 난 뒤에도 물을 다시 채워 여러 번 우려 마셔도 향이 맑게 이어진다. 농도를 조금 진하게 우리고 싶다면 로즈마리 양을 아주 살짝 늘리거나 우림 시간을 1~2분 정도 더 가져가면 좋다.

[TIP] **블렌딩 팁**

- 천일홍 꽃차 2 : 로즈마리 1 비율로 섞어 우리면 좋다. 유리 주전자에 먼저 천일홍을 넣어 색을 충분히 우린 뒤, 로즈마리를 더해 짧게 우려 주면 천일홍의 고운 분홍빛 수색 위로 로즈마리의 포근한 허브 향이 겹쳐져 부드럽게 어우러진다.

[TIP] **음용시 팁**

- 로즈마리는 농도를 조금 진하게 우려 얼음 위에 부으면 산뜻한 냉차가 된다. 하루를 마무리하는 시간에는 따뜻하게, 답답한 오후에는 아이스로 즐기면 허브 향이 몸과 마음을 가볍게 풀어 주듯 피로가 스르르 풀리는 느낌을 준다.

연지명(緣地明) 김미연

한국약선차꽃차연합회 협력기관 제61호 깃비차문화원 대표

경상북도의 깊은 산골에서 태어났습니다. 자연과 약초에 대한 호기심은 공부와 연구로 이어져, '발효차 명인'이라는 또 다른 이름을 얻게 되었습니다.

부산광역시 북구에서 티룸깃비라는 찻집 겸 공방을 운영하며, 저는 매일 많은 사람들과 차로 인연을 맺고 있습니다. 전국 곳곳의 산과 들에서 얻은 자연의 지혜, 어머니의 손끝에서 배운 약초의 온기, 그리고 오랜 시간 쌓아온 발효의 노하우를 한 잔의 차에 정성껏 담아 냅니다. 티룸깃비는 그 차 한 잔이 몸과 마음을 부드럽게 어루만지길 바라는 마음으로, 치유와 쉼의 철학을 차분히 풀어내는 공간입니다.

어린 시절, 우리 집에는 늘 풀 향이 가득했습니다. 약초를 잘 다루시고 직접 산과 들을 누비며 귀한 약초를 채집해 한약방에 납품하시던 어머니 덕분이었습니다. 그 곁에서 귀동냥으로 약초 이름을 배우고, 눈으로 채집하는 법을 익히며 자랐습니다. 때로는 어머니를 따라 산에 올라 약초를 캐고 말리는 일을 거들며, 자연스럽게 풀 한 포기도 약이 된다는 것을 몸으로 배웠습니다.

아이들 잔병치레도 병원 약보다 조약(調藥)으로 다스렸고, 매일의 밥상이 곧 약이 되는 삶을 경험하며 자랐습니다. 먹고 마시는 모든 것이 결국 몸을 만드는 약이라는 것을 어린 시절부터 알았던 셈입니다.

　15년 전, 저와 딸아이의 건강을 위해 본격적으로 약초를 배우기 시작했습니다. 전국의 산과 들을 다니며 식물의 계절과 생태를 익히고, 직접 채집한 재료들로 차를 만들고 생활용품을 만들어 쓰기도 했습니다.

　처음에는 내 가족을 위한 작은 실험이었지만, 차를 마신 이웃들의 몸과 마음이 달라지는 모습을 보며 점차 '함께 나누는 차'로 발전하게 되었습니다. 그 후 부모님께 배운 전통 방식인 9증9포 무 발효차를 시작으로 발효의 세계에 눈을 떴습니다. 다양한 재료를 활용한 발효차를 연구하며, 유익균을 활용한 과학적 발효 기법을 접목해 더욱 깊고 건강한 차를 개발했습니다.

　저에게 차는 단순한 음료가 아니었습니다. 그것은 땅과 사람을 이어주는 매개이자, 자연이 전하는 치유의 힘이었습니다. 그래서 차 한 잔을 만들 때마다 언제나 초심으로 돌아갑니다. 산과 들에서 얻은 재료를 손질하고, 불과 시간, 공기와 미생물이 만들어내는 변화에 귀 기울이며, 사람의 몸에 가장 이로운 상태로 완성되는 그 순간을 기다립니다.

차를 만드는 일과 함께 내 삶을 채워주는 또 하나의 길은 그림입니다. 현대여성미술제 수채화 부문 대상, 부산미술제 입상, 각종 미술제 수상, 그리고 부산미술인협회, 한국미술인협회 회원으로 활동하며, 차와 그림을 함께 가슴에 안았습니다.

붓을 들 때마다 나의 세상은 달라졌습니다. 이런 예술적 경험들은 차를 대하는 마음에도 큰 영향을 주었습니다. 계절의 변화와 흐름을 예술적인 시선으로 바라보는 눈은, 자연이 주는 선물 같은 재료에 더 많은 여유를 담게 했습니다. 빠름보다 느림을, 효율보다 발효의 미학을 더 사랑하게 되었습니다. 자연과 여유를 포함한 이 모든 것들은 또 다른 시간 속에서 나를 채워나갑니다.

부산북구 봉사상(구청장상)을 수상하며 지역사회에 봉사했던 시간들은 내 삶의 철학을 나누는 소중한 시간이었습니다. 차가 주는 여유와 풍요가 바로 이런 것이 아닐까요.

'티룸깃비'는 언제나 당신 곁에 있을 것입니다. 차 한 잔의 따스함으로 마음을 녹이고, 자연의 숨결로 하루를 위로하는 공간. 그곳에서 나는 오늘도 차를 덖으며, 사람과 세상을 향한 온기를 나누고 있습니다.

김미연   기와 혈을 조화롭게 해 주는 쌍화차

가을비: 천천히 젖어드는 그리움

며칠째 쌍화차 향이 코끝을 간지럽힌다.

"음~ 좋다."

짧은 감탄사가 절로 터져 나오고, 콧노래가 흘
러나온다. 5일을 기다려 완성되는 나의 쌍화차는
깊은 풍미와 함께 목에서 부드럽게 넘어가는 것

김미연

이 매력이다. 향만으로도 기운이 도는 듯한, 따스한 생명력의 차. 그것이 바
로 내가 끓이는 쌍화차다.

가을비가 촉촉하게 내리는 날이면, 유리창에 맺힌 빗방울 너머 오래전 기
억들이 스며든다. 이젠 엄마가 끓여주던 차가 아니라, 내가 직접 끓이는 쌍
화차로 그 그리움을 이어간다. 대추와 계피, 말린 생강 등의 12가지 약재 향
이 피어오를 때면 시간이 천천히 익어가고, 내 마음도 함께 깊어진다.

쌍화차는 당귀, 천궁, 대추, 계피, 감초, 생강, 숙지황, 황기, 갈근, 맥아
등 여러 한약재가 어우러져 완성되는 전통 건강차이다. 몸의 기운을 보하고
피로를 풀며, 혈액순환을 돕고 면역력을 높이며 마음을 안정시킨다. 환절기
마다 몸을 따뜻하게 덥혀주고, 바쁜 일상 속에서 스스로를 돌보게 하는 '쉼
의 차'가 되어준다.

'쌍화(雙和)'는 '둘이 조화를 이룬다'는 뜻을 가진다. 몸과 마음의 조화, 사

람과 사람의 화합, 그리고 세상과 나 사이의 균형을 상징하는 차. 조선시대 궁중에서도 사랑받았던 이 차는 지금도 여전히 '온기'와 '회복'을 전하는 마음의 음료다.

차 한 잔의 온도에 마음을 담아, 오늘도 쌍화차를 끓인다. 비 내리는 소리와 함께 먼 옛날의 기억이 피어오르고, 천천히 젖어드는 그리움은 어느새 쌍화차 향기로 물든다.

기력이 떨어지고 피로가 쌓여있을때 쌍화차 한 잔의 향기로 자신을 다독여보는 건 어떨까. 그 한 모금에는 시간의 깊이와 정성의 온기, 그리고 아늑한 쉼이 담겨 있다. 가을비처럼, 오늘 하루의 피로가 부드럽게 녹아내리길 바라는 마음이다.

쌍화차 만드는 방법

🌿 준비물

- 물 1.5리터, 약재(6~8잔 기준), 백작약 20g, 숙지황, 당귀, 천궁, 황기, 계피, 갈근 각 10g 감초, 생강 5g, 흑대추 5~6개

만드는 법

① 약재를 흐르는 물에 씻어 법제 후 적당한 크기로 자르고 덖는다.

② 달임솥에 물 1.5L를 붓고 끓이기 시작한다. 쌍화차는 빠르게 달이는 것보다, 천천히 끓이는 것이 좋다.

③ 물이 끓기 시작하면 준비한 모든 약재를 한꺼번에 넣는다.

④ 30분 정도 강불에 끓이다가 약불로 줄이고, 뚜껑을 살짝 열어 1시간 동안 천천히 달인다. 시간이 흐르면 약재 향이 부드럽게 어우러지며 깊은 색과 향이 올라온다.

⑤ 취향에 따라 조청이나 꿀을 약간 더하거나, 배즙 한 스푼을 넣으면 목넘김이 더욱 편안해지고 단맛이 자연스러워진다.

🔵 쌍화차의 효능

① **기력 회복에 도움**……황기와 대추가 기운을 북돋아 주어 과로, 피로, 수면 부족으로 기력이 떨어졌을 때 회복을 돕는다.

② **혈액순환 개선**……당귀와 천궁은 막혀 있던 혈의 흐름을 부드럽게 풀어주어 손발이 차거나 어깨와 목의 결림이 잦은 사람에게 적합하다.

③ **면역력 강화**……생강과 감초가 몸의 방어력을 높여 환절기 감기나 잦은 피로감을 느끼는 체질에 도움이 된다.

④ **속을 따뜻하게 하는 효과**……비위가 냉하고 소화가 더딘 사람에게 생강의 따뜻한 기운이 전해진다. 속이 편안해지며 하루의 컨디션을 안정시켜 준다.

⑤ **추운 계절의 보온차**……쌍화차는 단순한 피로 회복의 차가 아니라, 몸을 깊숙이 데워주는 '겨울의 보제차'라고 불릴 만큼 보온 작용이 뛰어나다.

TIP **음용시 팁**

● 쌍화차와 생강진액 3:1 비율로 타서 마셔도 좋다.

김미연 당뇨명차 발효돼지감자차

첫서리: 차가움 속에 피어난 온정

김미연

겨울이면 떠오르는 추억이 있다.
살을 에는 찬 바람 속에 아버지께서 직접 캐오신 돼지감자.
아랫목에 앉아 삶아 먹던 뜨끈한 맛은
입안 가득 고소하면서도 달콤했고
손끝에는 흙냄새가 남아 있었으며
방 안 가득 퍼지던 김은 어린 마음까지 따뜻하게 했다.

아버지는 돼지감자를 먹을 때마다 말씀하셨다.
"이게 이래도 몸에는 참 좋다."
그 말씀을 들으며 자라온 나는 이제,
당뇨를 위한 차, 돼지감자발효차를 만들고 있다.
아버지의 지혜와 마음은 여전히 나의 차 속에 살아 있다.

돼지감자는 '땅속의 보물'이라 불릴 만큼 이눌린 성분이 풍부하다.
혈당을 조절하고, 장 건강에도 도움을 주는 약용식물이다.
돼지감자는 유럽에서는 오래전부터 대용 식량으로,
우리나라에서는 민간요법과 건강식품으로 사랑받아 왔다.

작은 해바라기 같은 노란 꽃을 피우는 돼지감자의 꽃말은

'희망'이다.

추운 겨울에도 굳건히 뿌리를 내리고,

다시금 싹을 틔우는 생명력에서 비롯된 말이다.

나는 이 차를 만들며 스스로에게 희망을 건넨다.

아버지가 전해주신 따뜻한 기억처럼,

내가 만드는 발효차도 누군가의 삶에 작은 위로가 되기를 바란다.

이 글을 읽는 당신께도 바라는 것이 있다.

혹독한 겨울이 와도, 첫서리의 차가움 속에서도 그리움은 피어나듯,

희망 또한 다시 꽃핀다는 사실을 잊지 않고

당신의 하루가 돼지감자차처럼

담백하면서도 건강한 따스함으로 채워지길 기원한다.

 ## 발효돼지감자차 만드는 방법

 **준비물**

- 돼지감자, 유산균, 발효기, 뽕잎 &
  구기자

만드는 법

① 돼지감자는 깨끗이 세척해 흙과
   이물질을 제거한다.

② 적당한 크기 0.3×0.3cm 정도 썰
   어준다.

③ 250도의 팬에 넣어 완전히 익혀준다.

④ 수분이 완전히 없어질 때까지 덖어준다.

⑤ 뽕잎 우린 물이나 구기자 우린 물로 가수하여 72시간 온열 숙성해
   준다.

⑥ 수분이 20~30% 정도 남아 있는 상태에서 유산균을 0.2~0.5% 넣고
   잘 섞어준 뒤 발효기로 24시간 발효시켜 준다.

⑦ 발효가 끝난 돼지감자를 95℃ 이하에서 서서히 덖음과식힘 반복해
   준다.

⑧ 수분이 완전히 사라지면 수분 체크 후 병입하여 습기가 없는 곳에
   보관한다.

◔ 섭취 방법

- 돼지감자 발효차 5g을 200ml 뜨거운 물로 우려내어 마신다.
- 맛은 달큰하면서도 구수하고, 꾸준히 마시면 혈당 조절과 장 건강에 도움을 준다.

TIP 음용시 팁

- 발효 단계에서 수분 조절이 가장 중요하다.
- 뽕잎이나 발효구지뽕열매차와 마셔도 좋다.

김미연   뼈에 쌓인 노폐물 제거에 좋은 단풍잎 발효차

단풍잎: 빛나는 순간을 품은 설렘

김미연

계절이 깊어질수록 나무의 잎들은 조금씩 물들기 시작한다. 그중에서도 단풍잎은 가을을 대표하는 가장 찬란한 상징이다. 여름 내내 푸르름을 머금었던 잎사귀들이 서서히 붉은빛, 주황빛, 금빛으로 옷을 갈아입으며 계절의 변화를 알려준다. 그 변화는 마치 한 인간의 삶처럼 성숙을 향해 나아가는 과정이며, 화려한 결실을 남기고 떠나는 자연의 마지막 인사이기도 하다.

은빛 억새 물결이 반짝이던 금정산 동래산성에 가을이 오면 우리는 억새밭에서 붉게 익은 단풍잎차를 우려 마셨다. 살랑이는 바람 사이로 반짝이던 억새와 붉게 익은 단풍나무 잎사귀 하나 하나가 마치 시간의 조각처럼 느껴졌고, 차 한 잔을 나눠 마시며 바라본 그 풍경은 지금도 내 마음속 가장 따뜻한 기억으로 남아 있다. 그때 우리는 아무 말 없이 찻잔 한 번 억새밭 한 번 단풍나무를 한 번 번갈아 가며 보았고, 마주 보며 말없이 웃었다. 말보다 깊은 위로가 눈빛으로 오갔다. 빨갛게 물든 나뭇잎 사이로 스며드는 햇살, 그리고 따뜻한 차 향기 속에서 '지금 이 순간이 영원했으면 좋겠다.'는 생각을 했었다.

그해 가을, 단풍잎은 흔한 계절 변화의 결과물이 아니었다. 그건 곁에 있는 사람과 함께한 시간의 소중함, 그리고 언제나 다시 돌아올 설렘의 계절에 대한 약속이었다.

단풍은 오래전부터 우리 민족의 문화와 감성 속에 깊이 자리하고 있다. 조선 시대 문인들은 단풍을 '만추의 붉은 불꽃'이라 부르며 시와 그림 속에 담아냈다. 단풍은 변화와 성숙, 순환과 이별, 그리고 아름다운 마무리를 상징한다. 특히 동양에서 단풍은 '늙음과 죽음'이 아니라 '자신의 모든 것을 내어주고 떠나는 숭고한 삶의 완성'을 의미한다. 그래서 단풍잎을 바라보는 일은 자연의 색을 감상하는 것뿐만 아니라 우리 삶의 아름다운 퇴장과 다음 계절을 향한 희망을 떠올리는 행위이기도 하다.

단풍나무 잎과 껍질은 항산화 작용, 혈액순환 개선, 피부 건강면에서 오래전부터 민간에서 약재로도 사용되어 왔다. 잎을 건조해 차로 우려 마시면 몸을 따뜻하게 하고 피로를 완화시켜 주기도 한다. 단풍잎이 그저 그런 '가을의 색'이 아니라 몸과 마음을 치유하는 자연의 선물임을 알 수 있다.

나는 단풍잎을 볼 때마다 '끝'이 아닌 '다음'을 떠올린다. 화려하게 물들고 떨어지는 그 찰나조차 새로운 봄을 위한 순환의 일부이기 때문이다. 그래서 내 삶도 그렇게 흘러가길 바란다. 한 계절이 저물 때마다 조금 더 깊어진 마음으로, 누군가에게 따뜻한 한 잔의 차처럼 기억되는 사람이 되고 싶다. 시간이 흘러도 변하지 않는 본질을 품고 누군가의 가을 속에서 빛나는 순간으로 남기를 소망한다.

단풍잎은 스스로의 빛을 다해 계절을 완성하는 나무의 선물이다. 지금 혹시 힘든 계절을 지나고 있다면, 단풍잎처럼 생각해보자. 이 순간 또한 언젠가 가장 눈부신 추억으로 남을 것이다. 당신의 하루하루가 결국 찬란한 색으로 물들어갈 것을 믿으며 작은 바람에도 설레고, 작은 빛에도 감사하는 마음의 여유가 함께하는 가을이 되기를 희망한다.

 # 단풍잎 발효차 만드는 방법

 ### 준비물

- 단풍잎, 대나무채반

만드는 법

1. 채집과 선별

- 채집 시기: 10월 중순~11월 초, 단풍잎이 곱게 물들어 있을 때 채집한다.
- 선별: 벌레 먹거나 썩은 잎, 너무 두꺼운 잎은 제외하고 건강하고 얇은 잎만 고른다.
- 팁: 단풍잎은 색이 선명하고 결이 고운 것이 향과 유효성분이 풍부하다.

2. 세척과 예비 건조

- 먼지나 불순물을 깨끗한 물에 씻고 물기를 말린다. 햇빛에 직접 말리면 폴리페놀 등의 유효성분이 파괴될 수 있으니 그늘건조를 원칙으로 한다.

3. 살청 (殺靑, 효소 활성 억제)

- 프라이팬이나 솥에 잎을 덖어 효소 작용을 멈추게 한다. 손으로 만졌을 때 뜨겁고 부드럽게 숨이 죽으면 된다. 살청 과정은 색의 유지와 맛과 향을 좌우하는 중요한 단계다.

4. 유념 (揉捻, 잎을 비벼 유출 촉진)

- 따뜻할 때 손으로 잎을 살살 비벼 잎맥을 눌러준다. 이렇게 하면 세포 벽이 파괴되어 용출이 잘 되도록 한다. 손으로 주물러 돌돌 말리는 느낌이 나도록 유념한다.

5. 수분조절하기

- 덖음 식힘 반복하며 수분을 30% 남긴다.

6. 발효 숙성 (후발효 과정)

- 유산균을 넣고 잘 섞어준 뒤 소독된 발효병에 잎을 넣고 30%의 습기가 있는 상태, 38℃ 환경에서 12시간 발효한다.
- 팁 : 발효 초반엔 은은한 나무 향, 중반 이후엔 홍차처럼 달콤한 향이 난다.

7. 건조 및 보관

발효가 끝나면 저온에서 덖음과 식힘을 3회 반복한 후 저온에서 완전히 말린 뒤, 밀폐 용기에 넣어 서늘하고 건조한 곳에 보관한다. 숙성 기간이 길어질수록 맛과 향이 깊어지며, 3개월 이상 숙성하면 홍차나 청차처럼 부드럽고 단맛이 난다.

◯ 단풍잎 발효차 맛과 효능

① **항산화 작용 강화**: 발효로 인해 폴리페놀·플라보노이드의 흡수율이 높아져 노화 방지 및 면역력 향상에 도움을 준다.

② **혈액순환 개선**: 발효 과정에서 생긴 유기산이 혈관을 확장시키고 혈류를 돕는다.

③ **몸을 따뜻하게**: 가을·겨울에 차갑고 무거운 몸을 따뜻하고 가볍게 도와준다.

④ **마음 안정 효과**: 달콤한 향과 부드러운 맛이 긴장을 풀고 숙면에도 도움을 준다.

 음용시 팁

95℃ 정도의 뜨거운 물 200ml에 단풍잎 발효차를 2~3분간 우려낸다. 꿀이나 대추를 곁들이면 단맛과 향이 더욱 깊어진다. 따뜻하게 마시면 혈액순환에 좋고, 식후에 마시면 소화에도 도움이 된다.

김미연   숙면에 좋은 국화차

노을빛: 하루의 끝에서 나를 안아주는 평온

김미연

김미연

하루의 끝, 티룸깃비의 불을 하나둘 끄고 마지막으로 주전자 하나만 남겨 두었다. 그냥 자기에는 뭔가의 아쉬움에 혼자 차라도 한 잔 할 심산이다. 잔에 맑은 차가 따라지고, 그 안에 고운 국화 몇 송이와 구기자 두어알을 넣고 천천히 꽃이 피는 모습을 보며 굽은 어깨를 펴고 길게 손을 뻗어 펴지 못했던 허리를 일으키니 "으그그그그....."소리가 절로 난다.

위로라도 하는 듯 잔속의 국화꽃은 곱게 피어오르고 향은 요란하지 않지만 텅빈 티룸깃비 안을 채운다. 이것이 바로 말없는 위로 내가 나에게 주는 셀프 토닥임이다.

예순의 나이 혼자의 삶에 자리한 열등감 속 쓸쓸했던 마음 한 귀퉁이가, 그 노란 빛과 함께 살짝 밝혀지는 순간 나는 속으로 조용히 중얼거린다.
"그래. 오늘도 참 잘했어 그치 암 ~잘했고 말고!" 힘주어 말하는 속에는 내일을 살아갈 용기가 더 담겨 있다.

실수도 있었고, 버겁던 순간도 있었지만, 그럼에도 여기까지 와 준 나에게 국화차 한 잔을 들어 올려 작은 박수를 보내는 시간 티룸깃비 안에는 화가시절 그렸던 그림과 산천을 누비며 가져와 만든 차와 그리고 함께 있지는 않지만 마음속 어딘가에서 들려오는 딸의 고운 목소리가 있다. "엄마, 나는 엄마가 존경스러워." 어느 날 아이가 건넸던 그 한마디는 매일 저녁마다 가슴에서 올라와 내 지친 어깨를 주무르고 허리를 두드리고 다리에 시원한 파스를 발라 놓는다.
딸이 전하는 그 말은 나를 과장되게 높여 세우는 찬사가 아니라, 한 여자의 삶을 지켜보고 응원하는 같은 여자의 목소리였다.

가끔 딸이 가게로 오는 날 저녁이면 별말 없지만 다 아는 눈빛이다. "얼른 먹고 빨리 푹 자야지." 그 음성이 국화차 향처럼 천천히 스며들어 내 삶을 더 단단하게 비추어 주었다.

'아, 이렇게 살아가는 모습만으로도 누군가에겐 위로가 될 수 있구나.' 엄마니까 엄마의 자리에서 그렇게 무덤덤한 일상을 특별하게 살아가는 것처럼 보이도록 하는 마법 같은 힘이 차와 함께한다.

국화차는 숙면에 많은 도움이 된다. 그래서인가. 딸이 오는 날은 늘 국화차를 마시자고 한다. 잔 속에 작은 해처럼 떠있는 노란 국화꽃은, 보기만 해도 마음을 누그러뜨린다.

국화차의 효능은 굳이 설명하지 않아도, 한 모금 넘기는 순간 몸이 먼저 알아차린다.

우선 국화차는 열을 내려 주는 차다.

하루 종일 바깥 기운에 데이고, 사람 기운에 지쳐 뜨거워진 몸과 마음을 살짝 식혀 준다. 달지도 떫지도 않은 맑은 맛이 속을 시원하게 내려 주면서, 머리끝까지 올라와 있던 열이 조금씩 가라앉는다.

눈이 뻑뻑하고 머리가 띵한 날, 국화차는 눈과 머리를 식혀 주는 찻물이 된다. 오래 화면을 들여다보느라 지친 눈, 생각이 너무 많아 복잡해진 머리를 향해 국화 향이 천천히 번져 간다. 마치 이마 위에 시원한 손바닥을 살며시 얹어 주는 것처럼, 국화차는 긴장을 부드럽게 풀어 준다.

또한 국화차는 가벼운 해독과 순환을 돕는 차이기도 하다.

기름지고 부담되었던 하루의 식사를, 복잡하게 쌓인 감정을, 찻물과 함께 조금씩 흘려보내는 느낌. 몸 안 어딘가에 고여 있던 탁한 기운이 서서히 정리되면서, 속이 가벼워지고 다이어트 죄책감이 조금 누그러진다.

무엇보다도 국화차의 큰 힘은 마음을 진정시키는 안신(安神)의 작용에 있다.

잔을 손에 감싸 쥐고 향을 깊게 들이마시다 보면, 어지럽던 생각들이 조금씩 자리를 찾는다. 오늘 있었던 일들이 여전히 그대로인데도, 그 사건들을 바라보는 마음은 조금 누그러진다. 그 덕분에 잠자리에 들 때 가슴이 덜 쿵쾅거리고, 하루를 놓아 줄 용기가 생긴다.

그래서 국화차 한 잔은 단순한 꽃차가 아니다.

열을 식혀 주고, 눈과 머리를 쉬게 하고, 몸의 순환을 도우며, 마음을 달래 깊은 쉼으로 이끌어 주는 저녁용 위로 차다.

하루의 끝에 국화 몇 송이를 잔에 띄우고 천천히 우려 마시는 일은 오늘 수고한 나의 몸과 마음에게 "이제 놓아 주어도 좋다."고 조용하게 허락하는 행위이다.

 ## 국화차 만드는 방법

 **준비물**

- 무농약 국화꽃(만개 직전 또는 막 핀 꽃), 소금 1티스푼, 유산균, 발효용기

만드는 법

1. 세척과 시들리기

국화꽃을 흐르는 물에 씻어 먼지를 제거한 뒤, 겉수분을 닦아 시들리기를 한다.

이 과정은 향의 손실을 줄이고 수분 균형을 맞춘다.

2. 살청(殺靑)

찜기에 소금 1티스푼을 넣고 김이 오르면 꽃을 넣어 2~3분 쪄 준 뒤, 빠르게 채반에 올려 식힌다. 산화효소를 비활성화하여 색과 향을 안정시키는 단계다.

3. 건조

꽃의 수분이 약 30% 남을 때까지 건조하여 유념이 가능하도록 준비한다.

4. 유념(揉捻)

닦은 국화에 유산균을 넣고 손끝으로 공을 굴리듯 가볍게 비벼 수분과

향 유산균을 균일하게 퍼뜨린다. 꽃잎이 손상되지 않도록 섬세하게 작업
한다.

5. 저온 발효

4의 국화꽃을 발효기에 12시간 발효한다. 발효가 진행되며 국화 특유의
은은한 꽃향이 깊어지고 색은 노르스름하게 변한다.

6. 최종 건조

발효가 끝난 꽃은 50~60℃에서 천천히 건조하거나, 햇빛을 피한 통풍
좋은 곳에서 말린다. 바싹 건조해야 품질이 안정되고 보관성이 높아진다.

TIP 브랜딩 및 활용 팁

국화차는 향이 가볍고 신경을 안정시키는 특성이 있어 저녁 시간의 음용
에 적합하다. 여기에 구기자를 함께 구성하면 숙면을 돕는 차로 좋다.
블렌딩 비율: 국화차 7, 구기자차 3

운목(雲木) 신주영

한국약선차꽃차연합회 협력기관 제80호 행담차문화원 원장

저는 부산의 바다 냄새를 품고 자랐지만, 마음 한편에는 언제나 시골의 흙 냄새를 그리워하며 살아온 운목 신주영입니다.

어릴 적 방학마다 찾았던 할머니 댁의 기억은 제게 자연의 첫 인상이었습니다. 논두렁의 풀벌레 소리, 새벽 풀 냄새, 부나비가 날아들던 마루 불빛. 그 짧은 시간들이 오래도록 마음속 '이상향'으로 남았습니다.

대학에서는 미생물을 전공했지만, 졸업 후에는 아이들을 가르치며 평범한 일상을 살았습니다. 삶은 바빴고, 여유는 없었고, 발효에 대한 흥미도 깊이 묻어둔 채였습니다.

그러던 어느 날, 남편의 실직과 건강 문제, 아이들의 사춘기가 한꺼번에 밀려오면서 마음의 중심이 무너지는 시기를 지나게 되었습니다. 그때 우연히 찾은 6대 다류와 약선차, 꽃차 수업은 지푸라기처럼 붙잡은 선택이었지만, 오히려 제 안의 숨 쉬던 열정을 깨워준 계기가 되었습니다.

산에서 잎을 따고, 밤새 차를 덖으며, 잃었던 호흡을 다시 되찾았습니다. 무기력 대신 정성이, 우울 대신 향기가 제 삶에 스며들기 시작했습니다. 그리고 문득 깨달았습니다.

"차는 나를 살리는 길이구나."

그때부터 차를 배우고 제다하는 일은 제 삶의 중심이 되었고, 지금은

6대다류는 물론 약선차·꽃차·산야초 발효차까지 연구하며 우리 산야의 향을 담은 한국의 발효차를 만들고자 노력하고 있습니다.

현재 한국약선차꽃차연합회 사범으로 클래스, 출강, 플리마켓 등을 통해 차의 온기를 나누고 있습니다. 아직 나만의 찻집은 없지만, 언젠가 사람들이 잠시 머물러 마음을 내려놓고 갈 수 있는 작고 따뜻한 찻집의 주인이 되는 날을 꿈꿉니다.

차를 통해 다시 일어선 제 경험처럼 독자 여러분의 마음에도 오늘 한 잔의 차가 조용한 위로가 되기를 바랍니다.

신주영 없는 기운도 올려주는 십전대보차

짧은 해: 서두르지 않는 온화함

어릴 적 나는 한방차를 싫어했다. 쌍화차나 십전대보차 같은 걸 마실 때면 꼭 약을 먹는 기분이 들었기 때문이다. 그건 단순한 취향의 문제가 아니었다.

신주영

결혼 전, 내 몸에서 자궁이 사라졌으면 좋겠다고 기도할 만큼 생리통이 심했다. 그건 살면서 겪어 본 가장 끔찍한 고통이었다. 매달 죽음을 오가는 듯한 통증으로 고통스러워하는 손녀를 위해, 할머니는 들과 산을 오가며 약초를 캐 오셨다. 그걸 정성스럽게 다려 내게 먹이셨지만, 냄새만으로도 속이 울렁거렸다.

생리통의 통증이 되살아나면서 본능적으로 거부감이 들었다. 세상에서 가장 쓴맛이 있다면 바로 그 맛이었다. 한약 냄새만 맡아도 그 시절의 고통이 몸서리치며 올라왔다.

하지만 인생은 언제나 다른 빛깔로 다시 다가온다. 시간이 흘러 약선차를 배우기 시작하면서, 모든 것이 조금씩 달라지기 시작했다. 재료를 고르고, 손질하고, 법제 과정을 거쳐 정해진 비율로 섞고 덖는 일을 반복하다 보니 그렇게 싫었던 냄새가 어느새 따뜻하고 부드럽게 마음을 감싸기 시작했다.

끓는 물 위로 피어오르는 향은 과거의 상처를 달래주는 듯했고, 그 향 안에는 오래전 할머니의 손끝 온기가 스며 있었다. 신기하게도 끔찍했던 통증의 기억은 희미해지고, 공간 가득 퍼지는 약재의 향은 어떤 디퓨저보다도 깊고 편안했다.

좋아하면 결국 극복할 수 있는 걸까. 차를 덖으며 쌓인 평온한 감정이 과거의 기억을 덮고, 이제는 내 일상의 위안이 되었다. 몸이 무겁고 으슬으슬 감기 기운이 올 때면 나는 망설임 없이 십전대보차를 끓인다. 보글보글 끓는 물 속에서 약재들이 군무를 추듯 향을 뿜어낸다. 그 향이 공간을 채우는 순간, 차를 마시기도 전에 이미 마음부터 따뜻해진다.

차를 우리면 몸보다 먼저 위로받는 건 언제나 마음이다. 짧은 해가 저물 때쯤, 나는 천천히 차를 덖는다. 서두르지 않아도 괜찮다. 뜨거운 증기 사이로 스며드는 향과 온기, 그 안에 담긴 건 단순한 차 한 잔이 아니라 시간이 빚은 온화함이다. 그 온화함 속에서, 나는 오래전 할머니의 사랑을 다시 배운다. 그리고 문득 깨닫는다. 그때의 쓴맛은 나를 살리기 위한 사랑의 다른 이름이었다는 것을.

이제 나는 그 맛을 고스란히 내 삶으로 달이고 있다. 삶의 고통이 시간이 지나 향이 되듯, 짧은 해 아래에서 익어가는 오늘도 서두르지 않는 온화함으로 나를 감싸 안는다.

 ## 십전대보차 만드는 방법

🌿 준비물

- 기본 약재 10가지(총량 약 43~45g) : 인삼(人蔘) 5g, 백출(白朮) 5g, 복령(茯苓) 5g, 감초(甘草) 2g, 당귀(當歸) 5g, 천궁(川芎) 5g, 숙지황(熟地黃) 5g(법재한 것 구입 추천), 백작약(白芍藥) 5g, 황기(黃芪) 5g, 육계(肉桂, 계피) 1~2g, 술(청주), 쌀뜨물, 꿀, 물 2.5L

🟢 끓이는 방법 (전통 방식 기준)

① 세척 : 흐르는 물에 약재를 깨끗이 씻어서 적당한 크기로 잘라준다.

② 각 약재에 맞게 법재한다. 황기는 꿀, 백출은 쌀뜨물, 당귀는 청주, 천궁은 미지근한 물로 법재한다.

③ 법재한 재료들을 덖어서 건조시킨다.

④ 1차 달임 : 1L의 물에 약재를 넣고 센 불로 끓이다가, 끓기 시작하면 약불로 줄여 40분 달인다.

⑤ 2차 달임 : 같은 약재에 물 1.5L를 붓고 30분 더 달인다.

⑥ 1, 2차 달임액을 섞어 병입 후 냉장 보관한다.

🌀 마시는 방법

① 감기 기운 완화: 십전대보차 + 대추 5g + 생강 3g

② 피로 회복: 십전대보차 + 황기 3g + 홍삼 3g

③ 생리통 완화: 십전대보차 + 당귀 3g + 계피 1g

TIP 음용시 팁

- 과다 섭취 시 열감·두통·소화불량 등의 부작용이 생길 수 있다.

- 냉장 보관 후 재가열 시에는 약불을 사용한다.

- 일반 건강 증진 목적이라면 주 2~3회 음용이 적당하고, 체질에 따라 맞지 않을 수 있으므로 질환자나 임산부는 전문가와의 상담이 필요하다.

신주영 늙기 싫다면 구기자발효차

바람결: 멀리서 온 위안

신주영

차로 덖기 전의 구기자, 그 붉은 열매를 가만히 바라보고 있노라면 〈성탄제〉를 낭송하던 학창 시절로 되돌아간다.

교과서에 실린 시에서 처음 만난 산수유의 붉은빛과 흰 눈의 선명한 대비가 너무 강렬해서일까? 젊은 아버지가 붉은 열매를 손에 쥐고 집으로 돌아오는 장면이 이유 없이 마음 한편에 깊이 각인되었다. 그리고 사십 년이 훌쩍 지난 지금까지도 그 장면은 마치 나의 실제 기억인 것처럼 문득문득 되살아나곤 했다. 그러다 어느 순간부터, 시 속의 젊은 아버지는 나의 아버지의 모습으로 바뀌고 과거의 기억 어딘가에서 아버지의 서늘한 손이 열로 달아오른 내 이마를 살며시 짚어주고 있었다. 신기하게도 수없이 재생된 기억 속에서 모든 것은 흑백영화처럼 색을 잃었는데 붉은 열매만이 또렷하게 빛나고 있었다.

붉은 빛은 늘 강인한 생명력이었고, 말없이 등을 지켜주던 아버지의 사랑이었다. 그래서 지금도 붉은 열매를 마주하면 그 시 속의 산수유와 구기자의 붉음이 겹쳐지며 진짜 기억과 가짜 기억이 뒤섞여 묘한 위안이 된다.

차는 단순한 마실 것이 아니다. 그 속에는 기억이 스며들고, 나만의 맛이 더해진다. 붉은 구기자가 검은 발효차로 덖어지는 동안 나는 기억 속의 아버지와 다시 마주한다. 알알이 작은 열매를 덖으며 이제는 곁에 계시지 않은 아버지의 사랑에 울컥하고, 끝내 전하지 못했던 "사랑합니다."라는 말을 되뇌인다.

구기자는 오래전부터 삶을 지키는 열매였다. 고려의 왕실에서도, 오래된 약전 속에서도, 그리고 나의 기억 속에서도 구기자는 여전히 그 자리를 지키고 있다.

발효의 시간은 곧 치유의 시간이다. 떫음은 사라지고, 은은한 단맛과 깊은 향이 자리 잡는다. 인생 또한 그렇다. 서두르지 않고 묵묵히 견뎌낼 때 비로소 단단하고 온화한 빛을 품는다.

한 모금 삼키면, 단맛은 아버지가 건네던 위로 같고 남겨진 여운은 말하지 못한 나의 진심처럼 오래 남는다. 오늘도 여전히 발효 구기자차를 덖으며 아버지를 만난다. 차가 덖어지는 그 과정이 아버지의 삶과 닮아 있다는 생각을 한다. 아마도 세상의 모든 아버지가 그렇지 않을까.

구기자발효차의 향기는 바람결 멀리서 온 아버지의 위안처럼 지친 일상 속에 가만히 내려앉아 나를 감싸 안는다.

 ## 구기자 발효차 만드는 방법

 **준비물**
- 건조 구기자, 청주

만드는 방법

① 구기자는 구입 후 넓은 채반에 깔아 불순물을 제거 한다.
② 청주를 스프레이 통에 담아 구기자에 뿌려 가면서 수분을 공급 한 후 습열발효를 3~4일 한다. 이때 청주의 양은 구기자 겉면을 닦아 낼 정도면 된다. 청주의 양이 많으면 구기자가 달라 붙어 덩어리지니 주의해야 한다.
③ 발효가 끝난 구기자를 건조기에서 꾸덕하게 건조한 뒤, 약 80~90℃ 정도의 팬에서 덖으며 완전히 건조한다.
④ 은은한 구기자 향과 함께 진한 흑갈색으로 변하면 완성이다.

제다 시 주의사항

구기자는 당분이 많아 쉽게 탈 수 있으므로 온도 조절에 주의해야 한다.

우리는 방법

① 구기자 7알에 90~100℃의 뜨거운 물 250ml를 부어 3분 정도 우린다.
② 여러 차례 우린 후에도 향이 남아 7회 이상 재우림이 가능하다.

③ 여름 응용: 냉침으로 우릴 시, 시원한 발효 구기자 냉차로 즐길 수 있
 다. 은은한 산미와 깊은 단맛이 남는다.

TIP 블렌딩 팁

- 기력 회복용: 구기자 + 황기 + 대추
- 눈 피로 완화용: 구기자 + 국화 + 결명자
- 여성 건강용: 구기자 + 당귀 + 감초
- 일상 피로 차단용: 구기자 + 오미자 + 박하

※ 블렌딩 시, 구기자를 주재료 60%, 보조재료 40% 비율로 맞추면 향
 과 효능의 균형이 좋다.

신주영   치매예방에는 은행잎차

은행잎: 노란 숨결의 미소

신주영

찻집 창밖으로 노란 은행잎이 수북하게 쌓여 있다. 바람이 살짝 스치면 잎들이 일렁이며 반짝인다. 얼마 전까지만 해도 푸르던 잎이었는데, 어느새 단풍이 들고 낙엽이 되어 나무 아래를 황금빛으로 채우고 있다.

다른 나무들이 잎을 떨굴 때는 왠지 쓸쓸해 보이는데, 이상하게도 은행나무는 그 순간에 오히려 더 빛난다. 낙엽이 폭신하게 쌓이면 마치 누군가 정성스레 황금빛 카펫을 깔아둔 것 같다.

가을이 익어가면 말린 은행잎을 뜨거운 물에 우린다. 단순히 말린 잎은 아니다. 가을이 오기 직전, 가장 깨끗한 잎을 고르고 소금물 속에서 시간을 견디게 한 뒤에야 비로소 차로 덖어진 잎들이다. 잔 끝에서 전해지는 온기가 손끝으로 번져가고, 오래 전 가을이 조용히 떠오른다.

1991년도의 가을은 유난히 눈부셨다. 그해 가을은 우리의 대학 시절 마지막 가을이었다. 약학관에서 효원회관으로 내려가는 그 길 위에 쏟아져 있던 은행잎은 마치 황금으로 만든 숲 같았다. 누구의 제안이었는지는 기억나지 않지만, 우리는 그날 몇 통의 필름을 아낌없이 썼다. 그 가을의 잎처럼 빛나는 계절을 다시 만나지 못할 거라는 걸 몰랐고, 그래서 우리는 행복했고 희망으로 가득했다.

노란 은행잎은 20대의 빛나는 순간을 생각나게 하는 초대장 같다. 그곳에는 어렸던 우리가 있었고, 은행잎으로 뒤덮인 교정이 있었고, 꿈과 열정이 있었다.

지금 창밖에도 가을이 익어가고 있다. 은행잎은 여전히 노랗고 햇살도 부드럽지만, 마음에 스며드는 결은 다르다. 시간이 흐르면서 조금씩 닳아버린 탓일까. 계절은 여전한데, 나는 여전한 나로 존재하지 않는다.

은행잎차 한 잔을 마시다 보니 문득 그런 생각이 든다. 그때의 화려했던 빛은 사라진 게 아니라, 조용히 내 안으로 들어와 다른 모양으로 살아 있는 건 아닐까.

지금의 가을은 화려하지 않다. 대신 조용하고 조급하지 않으며, 편안하다. 추억도 들떠 있지 않고 길게 머문다. 빛나진 않지만, 이 조용한 결이 나쁘지 않다.

차 한 잔 속에서 가을이 따뜻하게 흘러간다. 그때와 지금 계절의 느낌은 다르지만 둘 다 내 안에 있다. 한때는 눈부셨고, 지금은 편안하다. 그것으로도 충분히 행복하다.

은행잎차 만드는 방법

🌿 준비물
- 신선한 은행잎,

⚫ 만드는 방법
① 9월경 단풍이 들기 직전의 연한 은행잎 중 색이 선명하고 깨끗한 잎만 고른다.

② 흐르는 물에 2~3회 깨끗이 씻어 먼지와 이물질을 제거한다.

③ 세척 후 소금물에 약 1시간 담갔다가 채반에 펼쳐 자연 건조한다. 물기가 남아 있으면 향이 탁해질 수 있으니 충분히 말려주어야 한다.

④ 250℃로 달군 팬이나 솥에서 살청해 효소 작용을 멈추게 한다. 이 과정에서 은행 특유의 떫은맛이 줄어든다.

⑤ 살청 후 온도를 낮춰 5분 정도 더 덖어 향과 색을 안정시킨다. 채반에 넓게 펼쳐 식히면 부드러운 향이 살아난다.

⑥ 햇볕이 들지 않는 통풍이 좋은 그늘에서 자연 건조하거나, 50℃ 이하 저온에서 완전히 건조한다. 잘 마른 잎은 바삭하고 선명한 녹황색을 띤다.

⑦ 충분히 식힌 뒤 밀폐 용기에 담아 서늘하고 건조한 곳에 보관한다.

⚫ 음용 방법
은행잎 2g을 물 200ml에 넣고 3~5분간 우려 마신다.

🌀 은행잎차의 효능

① 혈액순환 개선: 플라보노이드·테르페노이드 성분이 혈관을 확장해 혈류를 원활하게 한다.

② 뇌기능 향상: 기억력·집중력 개선, 치매 예방에 보조 효과가 있다.

③ 강력한 항산화 작용: 활성산소 제거로 노화 방지 및 세포 보호에 도움을 준다.

④ 혈압 조절: 혈관을 부드럽게 해 고혈압 예방에 긍정적인 영향을 준다.

⑤ 말초 순환 개선: 손발 저림 및 냉증 완화에 효과적이다.

TIP 팁 & 주의사항

● 은행잎에는 소량의 독성 성분(은행산)이 있으므로 1회 2잔 이내로 섭취한다.

● 맛이 강할 경우 곰보배추·감초·대추 등과 블렌딩하면 부드러움과 효능이 더해진다.

● 반드시 청정지역의 잎을 사용한다. 가로수 은행잎은 중금속 오염 가능성이 있어 적합하지 않다.

● 독성이 있기 때문에 은행잎은 반드시 소금물에 담가야 한다.

눈에 좋은 메리골드 꽃차

멕시코가 원산지인 국화과 꽃으로 영화 〈코코〉에서 죽은 자의 날에 장식으로 사용한 황금색 꽃이 바로 메리골드이다. 간혹 알레르기 반응이 있는 경우가 있는데, 이런 경우에는 증제하여 제다하면 된다. 나는 꽃의 향을 더 잘 살리기 위해 부분 발효법으로 메리골드꽃차를 만들었다.

황금 들녘: 풍요로 물든 만족

신주영

— 가을의 끝에서 우리는 메리골드꽃차

며칠 전, 친구의 부고를 받았다.

스무 살 신입생 시절에 알게 된 친구이었지만 특별히 자주 연락을 주고받던 사이는 아니었다. 다만 그는 남편의 절친이었고, 그래서 그의 이름은 늘 우리 일상 어딘가에 조용히 놓여 있었다. 이혼 후 어머니와 독신인 동생과 살았다는 이야기는 들었지만, 그래도 그의 부고장은 유난히 쓸쓸했다. 유족란에 적힌 이름은 어머니와 동생, 단 둘 뿐이었다.

이상하게도 그의 죽음보다, 그 빈 공간이 더 마음이 아팠다.

죽음을 접할 때면 몇 해 전 보았던 영화 〈코코〉가 떠오른다. 죽음을 대하는 태도가 매우 인상적이라 잊히지가 않는 영화 중의 한편이다. 망자의 날, 죽음을 슬퍼하는 대신 죽음을 축제로 끌어안던 그 장면들 속에서 길을 밝히던 꽃이 바로 메리골드였다.

이승과 저승을 잇는 다리가 되어, 슬픔조차 온기로 바꾸던 꽃, 메리골드.

문득 그의 영전에 꽃을 올린다면 흰 국화가 아니라 태양빛을 품은 메리골드 한 다발을 올리고 싶다는 생각이 들었다. 돌아오지 못할 길을 가는 마지막 순간만큼은, 조금 덜 외롭기를 바라는 마음과 잊지 않고 기억해 주겠다는 약속의 의미였다.

나는 그의 쓸쓸한 죽음이, 어머니의 남겨진 시간 속에서 절망으로만 머무르지 않기를 바랐다. 메리골드가 가진 밝은 빛처럼, 슬픔의 가장자리에서 다른 의미로 남겨지기를 소망했다.

오랜 시간 나는 메리골드를 금잔화라고 생각했다. 도시에서 자라 꽃을 많이 알지는 못했지만, 어릴 때 길가에서 보던 채송화와 개망초, 샐비어와 나팔꽃 사이에서 강렬한 색으로 기억에 남아 있던 꽃이 금잔화였다. 그래서 빛나는 주황색 꽃잎의 메리골드가 금잔화가 아닐 수 있다는 걸 한번도 의심하지 않았다. 심지어 꽃차를 배우고 메리골드 꽃차를 제다하면서도 처음엔 메리골드의 우리식 이름이 금잔화라고 생각했었다.

그러나 그 둘은 분명히 다른 꽃이다. 이리 보고 저리 보고, 뒤집어 보아도 분명 내 기억 속의 그 꽃과 닮아 있었는데, 메리골드는 금잔화와 비슷하면서도 다른 얼굴을 하고 있었다. 그러고 보니 요즘은 금잔화는 잘 보이지 않고 메리골드가 흔한 꽃이 된 것 같다. 아마도 지금의 아이들은 나와 반대로 금잔화를 메리골드로 착각하게 될지도 모르겠다.

눈 건강에 도움을 주는 루테인과 항산화 성분을 함유한 꽃으로 친숙해진 메리골드는 꽃차뿐만 아니라 천연 염색이나 해충 방제 등 활용도가 매우 높은 꽃이다. 5월부터 늦가을까지 긴 개화 기간을 가지고, 관리도 어렵지 않아 화단과 밭에서도 자주 만날 수 있는 꽃이기도 하다. 게다가 반드시 오고야 말 행복'이라는 당당한 약속같은 꽃말을 품고 있어 더 사랑스럽다.

메리골드 꽃으로 차를 덖을 때는 9월에 핀 꽃을 사용하는 것이 좋다. 여름의 기운을 충분히 머금고, 가을의 서늘함이 스며들 무렵이라 향이 깊고 색도 안정된다. 꽃향이 사과향을 뱉을 때까지 산화시킨 후 낮은 온도로 천천히 덖다 보면, 화려하던 색은 차분해지고 향은 오히려 또렷해진다. 이때 중요한 것은 서두르지 않는 일이다. 꽃이 스스로 내려놓을 시간을 주는 것, 그것이 꽃차 제다의 기본이기도 하다.

가을 들녘이 황금빛으로 물드는 계절에도, 메리골드는 여전히 태양을 닮은 얼굴로 그 자리를 지킨다. 그 꽃으로 차를 덖어 다관에 우리면 다관 가득 가을 햇살을 품는다. 유리 다관에서 번지는 황금빛 물결을 바라보고 있으면, 풍요라는 말이 꼭 넘치는 상태만을 뜻하는 것은 아니라는 생각이 든다.

충분히 슬퍼하고 기억하고 그 끝에 올라오는 잔잔한 만족과 평안함 역시 풍요의 한 얼굴일 것이다.

이제부터 이 차를 마실 때면, 누군가의 외로운 마지막 길과 남겨진 이들의 시간을 함께 떠올릴게 될 것이다. 황금빛 수색이 그들의 시간을 밝히는 등불이 되기를 기도하고

반드시 오고야 말 행복이, 오늘은 이 찻잔 안에서부터 시작되기를 기도하게 될 것이다.

 # 메리골드 꽃차 만드는 방법

준비물
- 메리골드 꽃(80% 정도 개화한 꽃)

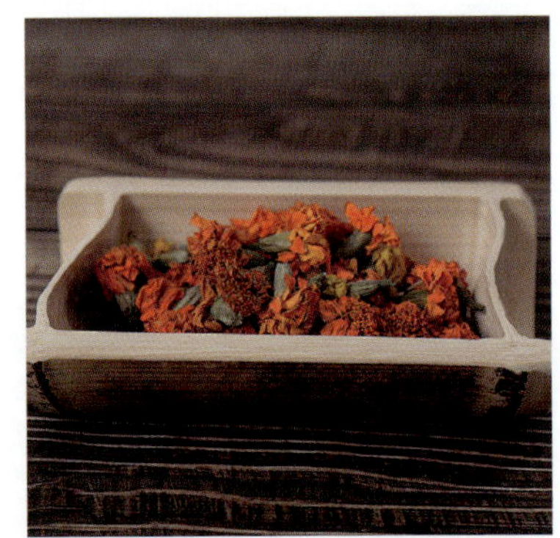

만드는 방법

① 갓 핀 꽃을 채취 후 깨끗히 손질 후 세척한다.

② 통풍이 잘되는 그늘에서 꽃의 물기를 날리고 건조시킨다

③ 넓은 채반에 꽃을 놓고 꽃의 표면에 상처가 날 수 있게 흔들거나 주물러 산화를 촉진 시킨다. 2시간 간격으로 3~4회 반복한다(과발효 주의).

④ 꽃향이 사과향으로 변하면 소금물에 증제한다.

⑤ 꽃을 식힌 후 채반에 한지를 깔고 꽃의 모양을 잡아가며 건조시킨다.

⑥ 수분 체크 후 수분이 올라오지 않으면 중온의 팬에서 타지 않게 향매김 후 병입한다.

⑦ 다관에 3~4송이 꽃을 넣고 끓는 물을 부어 우려 마신다.

TIP **팁**

- 메리골드 꽃잎은 열과 빛에 약해 밝은 노랑에서 어두운 갈색으로 쉽게 변한다. 건조 과정에서 저온·단시간 유지가 핵심이다. 또 부분 발효라 하더라도 발효 정도가 20~30% 수준에 그쳐야 꽃차 특유의 맑고 부드러운 성질을 유지할 수 있다.

김종숙

한국약선차꽃차연합회 협력기관 제50호 동백차문화원 대표

아이들과 함께 차를 마시며 공부하는 시간을 무척 좋아합니다. 계절마다 피어나는 꽃들을 바라보며, 그 꽃으로 차를 만들어 마시는 일이 저에게는 하나의 작은 축복이고, 일상의 가장 큰 기쁨입니다.

꽃차를 우려내는 시간은 단순한 시간이 아니라 꽃 한 송이의 생애를 다시 듣는 것 같은 고요한 나눔의 순간입니다. 그 순간을 함께 나눌 수 있는 사람들을 만나는 것 또한 제가 차를 나누는 일을 계속하고 싶은 이유입니다.

저는 꽃차소믈리에 사범, 약선차 사범, 차생활지도사 사범 자격을 가지고 있으며 교육과 체험을 통해 많은 분들과 차의 아름다움을 공유하고 있습니다. 이런 강의는 몸과 마음이 차분히 내려앉는 경험을 함께 나누는 과정입니다.

또한 꽃차와 약선차를 직접 만들고 판매하면서 장애우들과 함께하는 일에도 마음을 기울이고 있습니다. 차는 사람을 연결하는 매개이며, 누군가에게는 위로이고, 또 누군가에게는 용기이기 때문입니다.

처음 꽃차를 마시고 난 후, '이 아름다움을 직접 만들어서 내 손으로 우려보고 싶다.'는 마음이 일었습니다. 그 한 번의 경험이 저를 꽃차의 길로, 그리고 약선차의 길로 이끌었습니다.

차생활지도사가 된 이후에도 멈추지 않고 배움을 이어가며 2016년부터 지금까지 한국약선차꽃차연합회에서 선생님들과 함께 기행하며 배우고, 마시고, 또 나누는 공부를 계속하고 있습니다.

차는 배울수록 더 깊어지고, 알수록 더 넓어지는 세계를 품고 있습니다. 배움은 끝이 없다는 것을 차는 늘 조용하게 가르쳐 줍니다. 차는 저에게 하루의 속도를 조절하는 힐링 포인트입니다. 차를 천천히 우려내는 과정처럼 나의 마음도 천천히 가라앉고 차분해집니다.

차 한 잔 앞에서 사람은 누구나 진솔해지고, 그 순간 서로에게 마음을 열고 공감할 수 있습니다. 저는 그 공감의 기쁨이 다른 분들에게도 전해지기를 바랍니다. 그래서 오늘도, 배움에 목마름을 채우며 차를 배우고, 익히고, 나누는 일을 계속하고 있습니다.

지금 저는 교육기관에서 수업과 체험 프로그램을 진행하고 있으며 통영동백차문화원 원장으로 활동하고 있습니다. 차는 제게 삶을 품고 사람을 이어주는 따뜻한 매개체입니다.

앞으로도 더 많은 사람들과 차 한 잔의 온기를 나누고 싶습니다.

김종숙   기관지에 좋은 약선차 도라지발효차

서늘한 공기: 한 모금의 안도

깊어가는 가을 저녁, 싸늘한 공기에 몸이 살짝 웅크려질 때 어떤 차를 마시는가?

장애인복지센터에서 아이들과 소리와 행동으로 대화하고 보살펴주는 것이 나의 직업이다. 이렇게 목을 많이 쓰기 때문에 환절기마다 작은 의식처럼 마시는 차가 있다.

김종숙

바로 도라지 발효차다. 쌉싸름한 따뜻함이 목을 감싸고 내려가면 하루의 피로가 조용히 풀린다는 사실만으로도 마음이 한결 가벼워진다. 잔 위로 피어오르는 김을 바라보면, 오늘 내가 스스로에게 건네는 가장 큰 위로가 이 한 잔이라는 걸 깨닫는다.

아이들에게 고마웠던 말을 흘려보내진 않았는지, 원하지 않는 배려를 앞세우진 않았는지, 한 모금 사이의 짧은 정적이 내 안을 들여다보게 한다.

유독 찬바람이 이는 가을이면 많은 사람들이 도라지를 찾는다. 도라지차, 도라지고, 도라지환, 도라지청, 참 많은 제품들이 있다. 급변하는 시대의 차세대 작물로 도라지가 좋다는 이야기를 들은 것이 생각난다. 공장 굴뚝, 차량 매연, 탁한 공기 속에서 호흡기를 보호할 자연의 재료가 도라지 아니었던가?

도라지는 오랫동안 목과 기관지에 보탬이 되는 약재로 사랑받아 왔다. 사포닌이 풍부해 점액을 부드럽게 해주고, 기침과 목의 불편감을 가라앉히는 데 도움이 된다. 발효를 거친 도라지차는 구수함 속에 은근한 단맛을 머금고, 목 넘김이 부드러워 저녁 시간에 특히 잘 어울린다.

도라지는 한자 이름으로 '길경(桔梗)'이라 부르는데, '길(桔)'은 맺는다(結), '경(梗)'은 두레박줄(綆)에서 온 글자라서 뿌리가 서로 얽힌 모양을 빗댄 말이라고 한다. 도라지는 봉오리가 풍선처럼 부풀다 터지는 독특한 개화 방식 때문에 'balloon flower'라 불리는데, 가끔 도라지밭에서 동그란 꽃을 뽕뽕 터트리던 것을 지켜보던 기억이 떠오른다.

도라지는 한 밭에서도 두 가지 색으로 꽃이 핀다. 색깔 전설은 두 가지로 전해진다. 도라지꽃은 대표적으로 흰 꽃과 보라 꽃 두 종류가 있다. 먼저 흰 꽃(백도라지)은 금강산 옥류동에 살던 도씨 노인과 외동딸 라지 이야기에 나온다. 탐관오리의 횡포로 고초를 겪다 비극을 맞은 라지의 넋이 맑은 흰 도라지꽃으로 피어났고, 사람들은 그 꽃을 '도-라지'라 불렀다는 설화다. 그래서 금강산 백도라지가 유명하다고 한다.

반대로 보라 꽃은 기다림과 슬픔의 색으로 풀어낸다. 옛날 한 소녀가 중국으로 떠난 오라버니를 평생 기다리다 그 자리에서 쓰러져 세상을 떠났고, 이듬해 그 자리에 보랏빛 도라지꽃이 피어났다는 이야기다. 이 설화는 도라지의 꽃말을 '영원한 사랑'으로 오늘날 농업·원예 자료에서 많이 소개되고 있다.

도라지의 애틋한 유래를 읽다 보니, 내게는 어떤 따뜻한 그리움이 있었던가 더듬어 본다. 나의 가족, 나의 아이들의 소중함을 마음 깊이 끌어안는 시간이다.

차의 온기와 함께 천천히 마음을 녹이며, 나를 기다려 주고 누군가에게 그리움이 될 수 있는 존재가 되어야겠다고 생각해 본다.

오늘 밤, 한 모금의 안도가 내 안에 번진다. 도라지 향처럼 은근하게 스며드는 위로가 목을 지나 마음으로 내려앉는다. 따뜻하고 잔잔하게, 나는 그 한 모금 속에서 다시 살아갈 힘을 얻는다. 가을 저녁의 고요한 시간, 이 작은 잔이 내 하루를 다독여 준다.

도라지발효차 만드는 방법

🌿 **준비물**

● 생도라지 500g, 설탕 500g(1:1 비율, 흑설탕도 가능), 유리병(살균 필요)

⚫ **만드는 방법**

1. 도라지 세척

흙을 깨끗이 씻고 껍질을 벗긴 후 얇게 썬다(쓴맛이 강하면 잠시 물에 담가 떫은맛을 빼면 된다).

2. 건조 또는 데치기 (선택)

그대로 사용하면 향이 진하고 쌉쌀한 맛이 나고 살짝 데치면 부드럽고 순한 맛이 난다.

3. 설탕과 혼합

도라지와 설탕을 1:1로 섞어 유리병에 층층이 넣는다.

4. 발효

뚜껑을 덮고 실온에서 5~7일, 이후 냉장 보관 2~3주 정도 숙성한다(기포가 생기면 발효가 진행된 증거).

5. 차로 마시기

완성된 발효액 1~2스푼을 뜨거운 물에 희석해 마시면 된다(차갑게 마셔도 좋다).

TIP 팁

도라지 + 생강

- 효과: 감기 예방, 몸을 따뜻하게 해 준다.

- 비율은 도라지 7 : 생강 3

- 꿀 한 스푼 넣으면 목의 자극을 줄여준다.

도라지 + 배

- 효과: 기침 완화, 기관지 진정

- 비율은 도라지 5 : 배 5

- 배즙을 살짝 졸여서 섞으면 달콤한 풍미가 살아난다.

도라지 + 유자

- 효과: 면역력 강화, 상큼한 향미

- 비율은 도라지 6 : 유자 4

- 유자의 산미가 도라지의 쌉쌀한 맛을 잡아준다.

도라지 + 대추

- 효과: 피로 회복, 혈액순환 개선

- 비율은 도라지 6 : 대추 4

- 대추를 살짝 구워 사용하면 구수한
  향이 배가 된다.

도라지 + 레몬 + 꿀

- 효과: 항산화, 상쾌한 목 넘김

- 비율은 도라지 5 : 레몬 3 : 꿀 2

- 여름엔 냉침해서 아이스티처럼 즐기
  기 좋다.

좋은 시기에 채취해야 하니 꽃이 피었을 때 채취하는
것이 좋다. 8월 중순이 좋고 전초를 사용하는 것이
좋지만 우리는 발효를 하기 때문에 줄기와 잎을 건조
해서 사용해도 가능하다.

풀벌레 울음: 밤의 깊이를 아는 고요함

김종숙

야관문(비수리) 발효차 효능을 알게 되면서 비수리를 찾아 산으로 들로 다니던 때가 있었다. 그때를 떠올리며 이렇게 말하곤 한다.

"젊은 시절, 비수리를 찾기 위해 산과 들을 누비며 꿈같은 열정과 노력이 함께했던 날이 있었지."

설레고 뿌듯했던 감정을 추억하며 오래도록 기억하고 싶다.

야관문 발효차는 발효과정에서 일반 야관문차보다 부드럽고 쓴맛을 완화해서 구수한 맛을 낸다. 그래서 찬 바람이 불면 마음의 편안함을 갈구하며 나도 모르게 야관문 발효차의 구수함을 찾는지도 모른다.

차가 식기 전, 따뜻하고 구수한 향이 내 몸을 감싸면 편안함에 빠져든다. 야관문은 콩과 식물로 줄기와 잎을 달여 차로 마시며 간을 보호하고 피로를 풀며, 남성의 기운을 북돋우는 약초로 애용되었다. 술자리가 잦던 양반들은 해장차로 즐겨 마셨다는 기록도 있다. 농촌에서는 힘든 일을 마친 남편에게 아내가 정성껏 끓여주던 '사랑의 차'로 전해 내려오기도 했다.

옛날에는 밤이 깊어도 문이 닫히지 않는다고 하여, 정력을 지켜주는 약초로 불렸다. 야관문의 꽃말은 인내, 기다림, 은밀한 사랑이다. 그 유래는 순백의 하얀빛 작은 꽃이 여름에 피는데, 밤이 되면 꽃잎이 닫히는 습성에서 비롯되었다고 한다. 그래서 야관문차의 또다른 이름이 사랑차다.

오늘 야관문차를 마시며, 모든 이가 건강하고 사랑이 식지 않는 삶을 살아가기를 기도한다. 내가 사랑하는 모든 사람과 돌보는 아이들이 늘 건강하기를 바란다. 그리고 야관문 발효차가 여러분을 감싸 안아 지친 하루의 피곤함을 달래주고, 작은 활력소가 되기를 소망한다.

풀벌레 울음 가운데 밤의 깊이를 아는 고요함 그리고 밤의 빗장을 푸는 야관문 발효차와 함께 행복이 충만한 밤을 만들어야겠다.

 ## 야관문(비수리) 발효차 만드는 방법

🌿 준비물
- 비수리(야관문) 전초, 가수물(감초물)

⭕ 만드는 방법
① 채취한 후 깨끗이 씻고 잘게 자른 뒤, 살청 → 유념 → 건조 과정을 거친다. 전체 무게의 30%에 해당하는 가수물을 사용해 발효시킨다.

② 감초 물, 생강 달인 물, 구기자 달인 물, 야관문 술 중 어느 것을 선택해도 좋다

③ 온도 60도에서 5일 정도 습열 발효(수분과 열에 의한 발효)한다. 습열 발효 후 다시 건조하면 수색이 검붉어진다. 발효과정을 거치면서 떫은 맛은 줄어들고 사포닌과 플라보노이드 같은 유효성분은 더 풍부해져 현대인의 입맛과 건강을 동시에 잡을 수 있다.

TIP 팁
- 야관문 발효술은 최소 35도 이상의 알콜로 담아야 그 성분이 더 잘 추출이 된다. 그리고 술이 숙성되면서 40도가 되는데 이유는 발효과정에서 미생물이 당분을 분해하면서 열을 방출하기 때문이다. 이는 발효가 잘되고 있다는 신호이지만 온도가 너무 높아지면 품질 저하나 발효실패로 이

어질 수 있다.

TIP 블렌딩 팁

1. 야관문 발효차 + 구기자차

- 특징: 구기자의 달콤하고 은은한 맛이 야관문의 쌉쌀함을 중화

- 효과: 간 건강·눈 건강 강화, 피로 회복

2. 야관문 발효차 + 대추 + 생강

- 특징: 대추의 달콤함 + 생강의 알싸함으로 균형 잡힌 맛

- 효과: 혈액순환 개선, 면역력 강화, 체력 보충

3. 야관문 발효차 + 국화꽃

- 특징: 국화의 상쾌한 꽃향과 야관문의 구수함 조화

- 효과: 눈의 피로 완화, 머리 맑게, 숙취 해소

4. 야관문 발효차 + 홍삼(또는 인삼)

- 특징: 진한 구수함 + 홍삼의 쌉싸름한 단맛

- 효과: 강장 효과 상승, 피로 회복, 면역력 강화

5. 야관문 발효차 + 레몬 + 꿀

- 특징: 상큼·달콤한 맛으로 현대적인 건
  강 음료 느낌

- 효과: 항산화 + 피로 회복 + 숙취 해
  소에 탁월

※ 팁: 따뜻하게 또는 아이스티로 즐기기
  좋음

김종숙 폐 건강을 지키는 약선차, 맥문동 발효차

긴 그림자: 해질녘의 아련함

김종숙

가을 햇살이 길게 미끄러지던 저녁. 집안 바닥에 드리운 그림자 사이로 전기포트가 하얀 김을 뿜어 올리며 물이 끓는다. 이제 9월인데 제법 쌀쌀해진 날씨 탓에 맥문동 발효차를 우리며 나이가 들어 나를 바라보는 눈빛이 고요해진 엄마를 본다. 주름이 많이 늘었다. 엄마는 언젠가부터 딸이 주는 차를 말없이 받아 마시는 그 시간을 좋아했다.

"큰 딸, 차 이름이 뭐야?"

"맥문동 발효차예요. 폐 건강 위장 건강에 좋아서 엄마 아빠 마시기 좋을 거예요."

엄마는 알면서도 나와 말하는 것이 재미있는지 같은 말을 늘 되풀이해서 묻는다. 내가 차를 시작하고부터 우리 집은 함께하는 단어가 자주 등장한다. 함께 밥 먹기, 함께 차 마시기, 함께 놀기.

맥문동은 예로부터 9증 9포 아홉 번 찌고 말려서 차로 달여 마셨는데 어느 순간부터 달여 마시는 것이 귀찮아지고 슬슬 꾀가 나니 우림차를 만들고 싶어졌다. 나의 공방 동백차문화원은 그래서 늘 발효와 건조, 덖음과 유념, 이런 일들이 쉼 없이 돌아간다.

보리알처럼 통통한 하얀 뿌리를 품은 작은 풀인 맥문동은 가을이면 가로수 아래나 공원 강변에 보라색 꽃으로 피어난다. 그래서 사람들의 눈길을 사로잡고 11월엔 마치 서리태처럼 까만 열매를 매달고 있어 쉽게 눈에 뜨이는데 사람들은 그것의 뿌리를 약용으로 사용한다는 것은 잘 모른다.

학자들은 이를 Ophiopogon japonicus(오피오포곤 자포니쿠스)라 부르지만, 우리에겐 겨울에도 잎을 지지 않는 강인함과 보리(麥)를 닮은 뿌리에서 이름을 얻은 '맥문동(麥門冬)'이 더 익숙하다.

고전의 기록에 이 뿌리의 쓰임이 있다. 《신농본초경》은 맥문동이 폐를 윤택하게 하고 갈증을 멎게 하며, 마른 속을 적셔 음기를 보한다고 적었다. 세월을 건너 조선의 의서 《동의보감》도 폐의 열을 내리고 마른기침과 갈증에 쓰인다고 덧붙인다. 들판의 풀 한 포기가 의서에 기록되어 있고 사람들에게 이로운 약으로 오늘의 찻잔까지 이어진 셈이다. 나도 차를 배우지 않았다면 그저 예쁜 꽃으로 지나쳤을 풀이다.

정원에서는 사철 푸르른 상록의 잎이, 약방에서는 투명한 무늬의 덩이뿌리로 말려 보리처럼 쌓여있다. 맥문동은 사람의 일상과 의술 사이를 오랫동안 오갔다. 그래서일까, 이 뿌리를 달여낸 차를 마시면 무언가 기름진 윤택함, 은은한 치유라는 상징이 먼저 떠오른다.

내가 차를 만들기 시작하면서 약선차에서 주로 덖음하는 방법을 사용했지만 단방차로는 발효방법을 선택했다. 서두르지 않는 시간, 뿌리가 제맛을 내기까지 기다려 주는 마음. 발효는 맥문동의 단맛과 고소함을 만들어낸다.

통영의 해가 바다로 기울며 긴 그림자를 남기는 저녁, 맥문동 발효차 한 잔을 들고 있으면, 내가 차를 시작하고 차의 길을 가고 있는 지금이 참 행복하다.

오늘 하루 지친 이들에게 전하고 싶은 맥문동 발효차. 가을바람에 서걱대는 마른 마음을 적셔주는 치유의 차로 따뜻함과 위로가 될 수 있는 여유를 권하고 싶다. 삶의 순간도 발효될수록 깊은 맛과 향기가 나듯이 혼자일 때도 누군가와 함께일 때도, 한모금의 위로가 되고 작은 설렘을 품게 한다.

우리 일상 속의 작은 따뜻함과 설렘으로 다시 한번 내 마음이 치유됨에 감사한다.

 **맥문동 발효차 만드는 방법**

준비물

- 맥문동 뿌리, 가수물(감초물)

만드는 방법

① 생맥문동 뿌리를 채취한 후 깨끗이 씻고 찜기에 쪄서 심을 제거한다(9증 9포로 만들어도 된다).

② 쪄서 심을 제거한 맥문동을 건조시킨다.

③ 전체 무게의 30%에 해당하는 가수물을 사용해 발효하면 추출물은 붉은빛이 감도는 진한 황갈색으로 변한다(※ 가수물은 감초물로 많이 사용하는 편임).

④ 온도 60도에서 습열 발효(수분과 열에 의한 발효)한다. 습열 발효 후 다시 건조하여 음용한다.

TIP 팁

마른 맥문동을 구입했다면 먼저 깨끗이 씻은 후 김이 오른 찜통에서 충분히 찐 후 거심을 하면 아주 쉽게 분리가 된다. 이후 위의 방법으로 차 만들기를 권장한다.

TIP **블렌딩 팁**

맥문동 발효차는 기본적으로 단맛과 구수함이 있어서 다른 재료와 조화를 잘 이룬다.

1. 맥문동 발효차 + 대추 + 생강

– 맥문동의 단맛 + 대추의 달콤함 + 생강의 매운맛 조합

– 면역력 강화, 몸을 따뜻하게 해 줌

2. 맥문동 발효차 + 귤피(진피) + 감초

– 귤껍질의 상큼함과 감초의 단맛이 맥문동의 구수함과 조화

– 소화 촉진, 답답한 속 해소

3. 맥문동 발효차 + 국화꽃

– 은은한 꽃 향이 더해져 차가 상쾌하고 깔끔

– 눈 피로 완화, 두통 완화, 마음 안정

4. 맥문동 발효차 + 보리차 또는 현미차

– 구수함을 배가시켜 식후 음료로 좋음

– 소화 촉진, 포만감 조절

5. 맥문동 발효차 + 녹차 또는 우롱차

– 발효차의 부드러운 단맛에 녹차의 산뜻
  한 떫은맛이 어우러짐

– 다이어트, 항산화 효과 강화

구절초차를 만드는 여러 가지 방
법이 있지만 본 책에서는 누구나
따라 해도 부작용 없이 마실 수 있
는 방법을 소개한다.

김종숙 마음을 차분하게 가라앉히는 구절초차

가을 하늘: 끝없이 펼쳐진 너그러움

김종숙

매일 아침 나는 음악으로 하루의 문을 연다. 듣는 사람이 많든 적든 그건 중요하지 않다. 내게 더 큰 의미는 '아침을 음악으로 시작한다'는 사실 자체다. 어떤 날은 그 작은 의식이, 기적처럼 나를 감동시키기도 한다.

음악을 틀고, 내 목소리로 내 마음을 다독이며 힐링하는 시간을 가지다 보면 문득 떠오르는 얼굴이 있다.

"너는 누구보다 잘할 수 있어!"

선생님의 목소리는 해가 바뀌어도 사라지지 않고, 내 하루를 따라와 늘 나를 응원한다. 남들보다 조금 느리고 더딘 나를 있는 그대로 인정해 주고, 망설이는 마음까지도 응원해 주는 한 사람이 있다는 사실은 가을하늘처럼 끝없이 넓은 너그러움이 되어준다 구절초의 꽃말 ─ 모정 ─ 처럼 엄마 같은 선생님이 계신다. 칭얼거리듯 마음을 털어놓아도 다 받아줄 것 같은 사람. 괜찮다고, 잘하고 있다고, 말없이 등을 두드려주는 사람. 나는 그런 사람이 있다.

먼 길이었다. 통영에서 경주까지, 일주일에 한 번. 그 길을 거의 10년 가까이 다녔다. 계절이 몇 번이나 바뀌는 동안 나는 같은 길을 달렸고, 그 길 끝에는 늘 선생님이 계셨다. 이제는 내 얼굴만 봐도 선생님은 웃으며 먼저 물으신다.

"종숙이, 구절초차 주까?"

그 한마디가 얼마나 다정한지, 그 다정함이 내 가을을 얼마나 따뜻하게 만드는지 나는 안다.

수업을 마치고 돌아오는 길, 선생님은 텀블러 가득 차를 우려 건네주시곤 했다. 그리고 몇 번이고 신신당부하신다.

"가면서 졸지 마라."

그 말은 안전을 걱정하는 말이면서도, 동시에 "너는 소중하다."는 마음의 다른 표현이었다. 누구는 그냥 지나칠 말일지 몰라도, 나에게는 긴 길을 환하게 비춰주는 등불 같은 말이었다.

구절초차는 선생님과 나를 이어주는 차다. 선생님과 함께 마실 때면 구절초 향이 더 짙게 느껴지고, 그 향은 꼭 필요한 위로처럼 내 안으로 천천히 스며든다.

어느덧 가을이다. 해마다 꽃차를 만들지만, 국화꽃차를 만드는 가을은 유독 설렘이 배가 된다.

통영 바닷가와 경계한 산비탈을 조금만 오르면, 하얗거나 담홍빛 꽃들이 조용히 군락을 이루는 구절초가 있다. 구절초는 '구일초(九日草)·선모초(仙母草)'라고도 불렸고, 이름의 유래도 흥미롭다. 줄기가 아홉 번 꺾이는 풀이라는 뜻으로도, 음력 9월 9일(중양)에 꺾어 쓰던 풀이라는 뜻으로도 전해진다. 꽃은 9월에 피고, 높은 지대의 능선에 무리를 이루어 살다가도 들에서 흔히 만날 만큼 우리 땅에 넓게 퍼져 있다.

예로부터 구절초는 '예쁜 들꽃'이기 이전에, 집 안의 살림살이처럼 가까운 약초였다. 특히 월경 불순이나 자궁이 찬 증상, 불임증 같은 부인병에 약으로 쓰였다는 기록이 남아 있고, 산구절초 등 비슷한 종이 민간에서 함께 쓰이기도 했다. 그래서 누군가에겐 구절초가 '가을 산책의 풍경'으로 남지만, 또 누군가에겐 '몸을 다독이던 계절의 처방'으로 기억된다.

요즘에는 전통적 쓰임을 넘어, 구절초 추출물에서 항산화·항염 관련 가능성을 살핀 연구들도 이어지고 있다. 실험 연구에서 항산화 활성, 염증 관련 지표 억제 등과 연관된 결과가 보고되며, 구절초가 왜 오래도록 '달래는 풀'로 불렸는지 그 이유를 조심스럽게 뒷받침해 주기도 한다.

음악으로 시작하고 차로 마무리 짓는 하루의 끝, 창밖의 보름달이 유난히 밝다. 마치 내게 기운을 주는 것처럼.

"내일은 미소 짓는 일이 더 가득할 것 같아 기대가 돼."

그렇게 말해보면, 내 마음은 이미 보름달처럼 둥글게 차오른다. 나를 생각해 주는 사람, 나에게 힘을 주는 사람, 나를 웃게 만드는 아이들…. 그 얼굴들을 떠올리는 순간, 오늘의 피로는 조금씩 풀리고 내일로 갈 용기가 생긴다.

나의 가을은 이렇게 익어간다.

 ## 구절초차 만드는 방법

🌿 **준비물**

- 가을에 채취한 구절초, 소금 약간

⭕ **만드는 방법**

① 꽃을 흐르는 물에 빠르게 세척하고 물기를 뺀다.

② 팬에 물과 소금 한 꼬집을 넣고 끓어 오르면, 구절초를 채반에 올려 꽃을 증제한다.

③ 익힌 꽃들은 채반에 올려 팬 위에서 건조와 식힘을 반복한다.

④ 건조된 꽃들은 팬에 넣고 유리 뚜껑을 닫은 뒤, 수분을 체크해 준다 (높은 온도는 꽃을 태울 수 있으니, 저온에서 수분을 체크한다).

⑤ 습기가 차지 않고 완전히 건조된 상태에서, 1~2시간 정도 향매김를 해 준다.

TIP **팁**

우림 할 때 물에 오래 담 궈두면 쓴맛이 많이 나기 때문에 우림 후 꽃은 건져 놓고 다시 우림 할 때 넣 는 것이 좋다.

TIP **블렌딩 팁**

1. 구절초 + 대추 + 생강

구절초의 혈액순환 작용, 대추의 보혈 효과 그리고 생강의 따뜻한 기운이 여성 건강, 냉증 개선, 피로 회복에 도움을 준다.

2. 구절초 + 구기자 + 감국

눈 피로 완화와 간 기능 강화, 항산화 작용 강화의 효과로 노화 방지, 눈 건강, 피부 미용에 도움을 준다.

3. 구절초 + 레몬밤(레몬그라스)

구절초의 진정 효과와 레몬밤의 항스트레스 작용으로 숙면과 긴장 완화, 마음 안정 효과를 볼 수 있다.

4. 구절초 + 오미자

구절초의 항산화 성분과 오미자의 폐 건강 및 피로 회복 작용으로 기력 회복, 호흡기 건강, 스트레스 완화에 도움이 된다.

연우(硯友) 이은주

한국약선차꽃차연합회 협회장 · 다다티하우스 대표

들판의 계절과 찻잔의 시간을 잇는 사람. 꽃과 산야초, 잎과 뿌리의 특성에 맞게 제다(製茶)해 일상에 건네는 일을 합니다. 경주 서쪽 관문에 자리한 찻집 다다티하우스를 운영하며, 2층 제다실에서 직접 차를 덖고, 1층에서는 손님들과 한 잔의 따뜻함으로 만납니다. 동시에 '한국약선차꽃차연합회'를 이끌며 교육·연구·보급에 힘쓰고 있습니다.

우리 산야초 · 꽃 · 뿌리 등을 전통 6대 다류(백 · 녹 · 청 · 홍 · 황 · 흑)의 공정을 토대로 약선차 · 대용차를 자체 생산하며 다다티하우스의 이야기를 만들어 가고 있습니다.

함께 운영하고 있는 '한국약선차꽃차연합회'의 교육은 '차생활지도사과정', '약선차사범반', '꽃차 소믈리에' 등 단계별 커리큘럼 운영과 함께 제자들이 다시 제자를 길러내며 어느덧 85호까지 문화원이 만들어졌습니다.

연구 · 기록을 좋아하며 지역 식재(식물)의 성정과 추출방법, 발효 · 살청 · 건조의 변수들을 데이터화하여 표준 레시피로 정리하였고 책과 블로그로 공유합니다.

꽃차에서 시작했습니다. 색과 향을 잔으로 마시는 차에 놀라움이 문처럼 열렸고, 곧 제다의 한계를 넘어 약선차와 6대 다류를 정식으로 공

부했습니다. 배운 과정을 우리 땅의 산야초와 꽃에 적용하며 재료의 개성을 최대로 살리는 가장 단순한 방법을 찾아왔습니다. 그렇게 연합회가 세워졌고, 다다티하우스가 자라났습니다. 차생활지도사 과정을 운영하면서 제자들과 중국 기행이 시작되었습니다. 북경 마리엔따오 차시장과 대만 전역을 다니며 차의 생산과 유통현장을 보고 왔습니다. 또 강소성 의흥을 바탕으로 다구의 이야기를 담아내고, 귀주성 기행에서는 소수민족의 이야기를 만들어 냈습니다.

2023년 자랑스러운 한국인 차문화 대상과 그해 가을 혁신리더대상을 수상하였으며 2024년 첫 저서로 《녹색황금을 찾아 떠나는 대만차 기행》과 2025년 귀주성 소수민족들의 이야기를 차로 풀어낸 《잎에서 잔까지》라는 책을 펴냈습니다.

경주를 찾는 누구라도, 다다티하우스에서 '오늘의 한 잔'으로 자신을 돌보는 시간을 건네받기를 바랍니다.

습열(濕熱) 조건에서 숙성하여 만드는 차다. 일차적
으로 건조된 무게의 30% 가수를 하여 60℃ 이상 온
도에서 5일간 수분과 열로 발효시킨다. 이는 고온 습
윤숙성법으로 효소·비효소 갈변과 산화·중합을 유
도하는 숙성 중심 공정이다.

저녁놀: 서로를 향한 평화

덖음팬 위에 손을 놓지 못한 채, 올해도 100kg의 작두콩차를 마무리했다. 마지막 공정은 언제나 같다. 한 번 더 꼼꼼히 채를 친다. 덖음 사이에 떨어져 나온 미세한 가루를 가라앉히고, 알갱이의 크기를 맞춘다. 그렇게 긴 여름의 끝을 마무리하며 포장한다.

이은주

발효는 서두를 필요가 없다. 건조까지만 번거로운 일을 마무리하고 나면 그때부터는 천천히 며칠 간격을 두고 몇 번의 시음을 하며 더디 가도 좋을 일이다. 막 덖어낸 불향이 가라앉고, 단맛이 올라오는 순간을 기다리며…. 어느 날은 메모장에 이렇게 적었다.

"눈 감고 마시면 연한 커피 맛."

그 말이 과장 같지 않게 느껴지는 날이 있다. 담백한 작두콩 발효의 산미와 고소함 위로 볶은 향이 얇은 막을 씌우고, 목으로 넘어갈 때 남는 미묘한 쌉싸름함이 커피의 뒷맛을 닮았다.

몇 해 전 일이다. 해마다 손바닥보다 큰 작두콩을 받아 들고, 어떻게 하면 '차'로 더 잘 살아날까 고민했다. 시장 골목을 돌면 이미 말려서 뻥튀기 기계에 튀겨낸 작두콩이 리어카에 가득 실려 '비염차'라고 팔려나가고 있었다. 그것은 그저 뻥튀기 기계에서 나온 구수함뿐이다.

　나는 덖음팬을 꺼냈다. 튀겨낸 구수함이 아닌, 불과 손의 시간으로 우려 낸 향을 만들고 싶어서였다.

　그 후로 공정은 조금씩 달라졌다. 6대 다류 제다 방법을 모든 산야초에 접목하던 때라 작두콩을 최대한 맛있게 만들기 위해 몇 가지 시도를 했다. 처음엔 살청 유념 발효 5일 만에 실패했다. 생 작두콩은 60도가 넘는 온도를 발효시간 동안 버티지 못했다. 다음은 살청과 건조, 가수와 발효. 하루 이틀, 사흘을 지나 마침내 닷새 만에 건조에 들어가던 시간. 그때의 감탄을

잊을 수가 없다. 새까맣게 발효가 되어 반질반질하던 작두콩에서는 윤기가 흘렀다. 하지만 내가 원하는 약간의 산미가 없었다. 다시 한번 발효시키면서 수분을 조금 더 올렸다. 30%가 넘는 수분 환경에서 잘 발효된 작두콩차가 완성되던 날, 나는 스스로를 대견해했다.

수분을 맞추는 비율, 작두콩의 성질을 상하지 않게 하는 1차 살청, 열이 골고루 스며들 때까지 쉼없이 익혀나가는 과정, 그리고 향을 잠재우고 단맛을 끌어올리는 가수 발효. 마지막에 채를 치는 일은, 성미 마른 내 마음을 가라앉히는 일에 가깝다. 불을 끄고 체 위를 통과하는 알갱이를 바라보면, 검은 보석 같다. 빠르게 지나간 계절과 느리게 익은 맛이 한곳에서 만난다. 몇 번의 과정을 거치고 지금의 발효방법을 만들어냈다.

오늘도 몇 봉투를 들어 보았다. 여름의 무게가 들어 있다. 이 봉투들은 곧 누군가의 저녁 식탁, 늦은 밤 책상, 사무실에서 손바닥 위에 놓일 것이다. 뜨거운 물을 만나면 작두콩의 효능이 풀리고, 그 사이로 깔끔한 고소함과 가벼운 쌉싸름함이 번질 것이다. 누군가는 "커피처럼 부드럽다."고 말할지 모른다. 나는 그 말이 좋다. 닮았지만 같지 않은, 같은 듯 달라서 오래 기억되는 맛. 그 맛을 위해, 나는 내년에도 덖음팬 위에서 손을 멈추지 않을 것이다.

이후 찾아오는 제자들에게 신이 나서 가르쳐 준 기억이 난다. 그렇게 개발된 발효 작두콩 차는 입자를 곱게 갈아 태백에 넣어 마시면 놀라울 만큼 커피에 가까운 맛을 냈다.

작두콩은 1990년대 후반을 지나 2000년대 들어 건강 차 비염 민간요법을

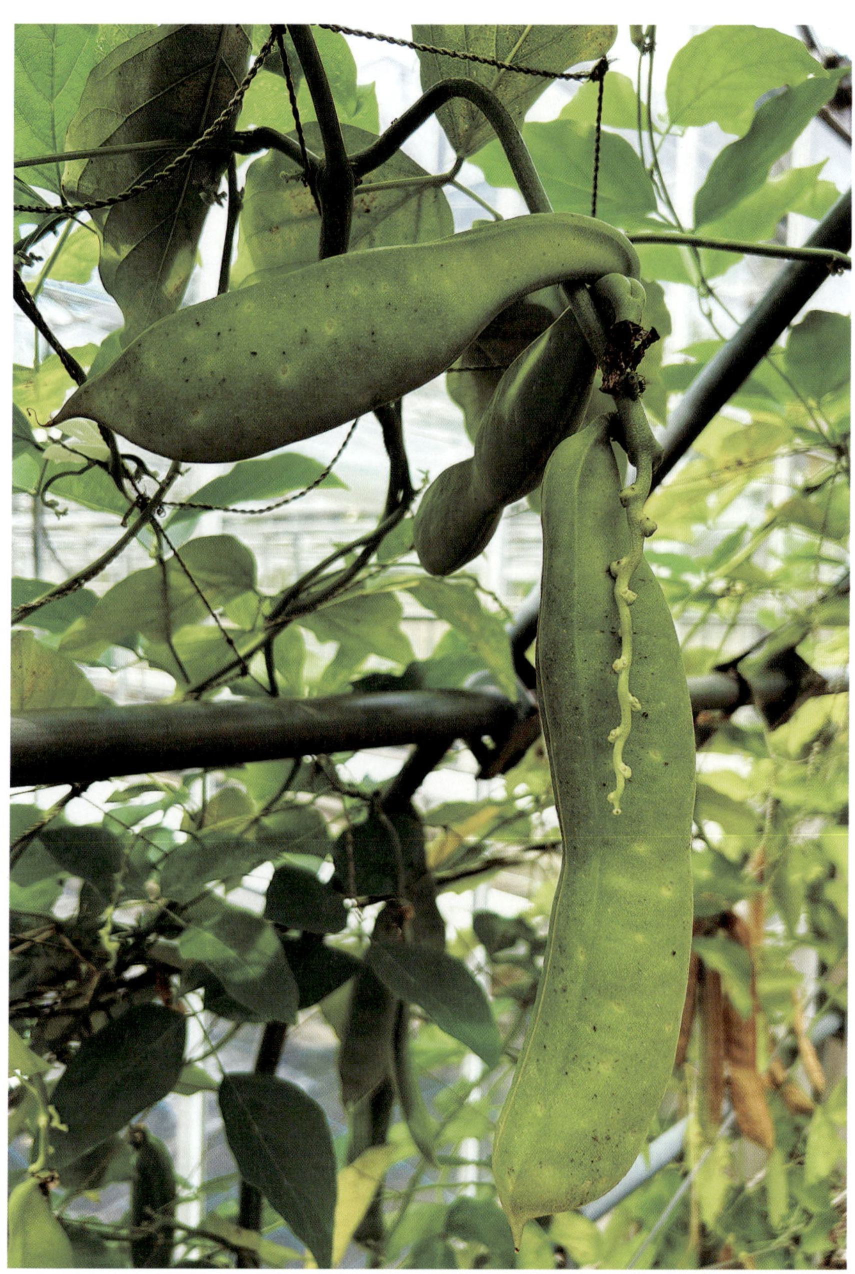

매개로 국내 소비가 크게 늘며 재배가 확산했다는 보도가 다수 있다.

왜 '씨앗차'가 아니라 '꼬투리 추출물'이 주목받는지 아는가?

동아시아에서는 오래전부터 작두콩을 부비동염·비염·인후 불편에 처방했던 기록이 전해진다. 현대의 연구는 꼬투리(미성숙)에 플라보노이드·사포닌·탄닌 등 기능성 성분이 풍부하고, 항염·항알레르기·면역조절 활성을 보인다는 점을 밝혀냈다.

그럼에도 불구하고 차는 무엇보다도 맛이 중요하다는 나의 고집은 여전하다. 아무리 좋은 차라도 맛이 없으면 손이 가지 않는다. 그렇게 먹지 말라고 말리는 코카콜라는 언제든 마시게 되는 것처럼, 맛이 있는 차는 애원하지 않아도 자연스럽게 찾게 되고 곁에 두게 된다. 그래서 오늘도 나는 효능보다 맛의 설득력을 믿는다.

찻물의 향이 유난히 좋다. 이 마음, 이 시간도 천천히 받아 주자. 차의 온기를 느끼며 나와 내 안의 마음뿐 아니라 서로를 향한 평화의 기원까지 함께 느낀다.

 ## 작두콩 커피 만드는 방법

준비물

- 꼬투리가 여물지 않은 미성숙 작두콩. 가수로 사용할 물(건조 무게의 30%)

만드는 방법

① 선별·세척을 위해 꼬투리 제거 후, 흐르는 물로 3회 세척하여 원하는 크기로 자른다.

② 익히기(살청)는 어느 방법이든 다 가능하다. 쪄서 익히는 방법과 다른 하나는 팬에서 덖어서 익히는 방법이다.

③ 1차 건조는 열풍이나 일광건조 모두 가능하다. 열풍건조라면 55~60℃에서 잘 건조시켜 둔다.

④ 가수(30%) 후 발효작업은 건조하고 난 뒤 중량 대비 30% 수분을 가수한다. 차의 맛을 달게 하고 싶다면 감초 닳인 물을 가수물로 사용하면 차에서 단향이 난다.

⑤ 온도 60℃, 5일(120시간) 고온습윤숙성한다. 24시간마다 핵심부 온도 확인(58~62℃ 유지)하며 교반한다.

⑥ 숙성 종료 판정은 색이 검은색으로 변하고 향이 올라오면 마무리하여 건조시킨다.

**Anaerobic fermentation법으로
발효상엽차 만드는 방법**

Anaerobic fermentation in tea는 산소를
차단한 상태(밀폐된 용기 등)에서 발효가 일
어나도록 하는 방법이다. 최근에는 스페셜티
커피, 와인, 차 분야에서 미생물 다양성을 조
절하고 독특한 풍미(과일향, 발효향, 깊은 단
맛 등)를 얻기 위해 많이 활용한다.
특히 보이차, 흑차, 일부 현대식 녹차/홍차
실험 생산에서 응용되고 있는 방법이다.

이은주   서리맞은 뽕잎 발효상엽차

마른 풀향: 사라지지 않는 따뜻함

이은주

어릴 적 우리 집엔 잠실(누에를 키우는 방)이 있었다. 이른 봄과 여름이면 가지째 들여온 뽕나무가 하룻밤 사이 잎을 비우고, 방 안에서는 누에들이 사각사각 소리 내며 고치를 틀었다.

"번데기는 언제 먹을 수 있어?" 하고 엄마께 묻곤 했고, 어느 날이면 시큼하고 뽀얀 국물이 자작한 갈색 번데기 한 접시가 삶아져 밥상에 올랐다.

어린 날 집 주변엔 뽕나무 밭이 많았다. 집집마다 잠실이 있기도 했고, 작은 누에가 하룻밤 내내 갉아 먹던 뽕잎은 그저 흔하디흔한 나무였다. 하지만 나이가 들면서 점점 사라져, 이제는 어쩌다 만날 수 있는 귀한 나무가 되었다. 봄 뽕잎은 부드럽고 순해서 나물이나 차로 마시기도 좋고 가을 뽕잎은 효능이 좋아 약으로 쓰임하기도 좋다. 내가 처음 제다를 시작했을 때 산으로 계곡으로 뽕나무를 찾으러 많이 다녔었다.

고대 문헌에도 뽕나무와 누에, 비단의 기록이 등장한다.

뽕나무는 비단 생산(실크로드 문명)과 직결되어 있어, 단순한 나무가 아니라 동아시아 문화와 경제를 움직인 핵심 자원이었다. 한국에도 오래전부터 뽕나무가 널리 퍼졌고, 특히 조선시대에는 국가적으로 양잠업을 장려하여 집집마다 뽕나무를 심도록 했다.

"오상고절(傲霜孤節)"이라 하여 절개를 상징하는 시적 이미지로도 쓰였다. 농가에서는 잎은 누에 먹이, 열매(오디)는 식용, 뿌리껍질(상백피)은 약재, 가지와 껍질은 생활재료로 활용하였다. 봄 뽕잎은 차로, 가을 뽕잎은 약재로 많이 활용되었다. 입술이 새파랗도록 먹었던 오디는 예로부터 '여름철 보약'이라 불리며, 열을 내리고 기운을 보충하는 열매로 귀하게 여겨졌다.

간혹 특별히 뽕잎차를 찾는 사람들이 있다. 그들의 목소리엔 피곤이 묻어 있고, 마음 한켠의 간절함이 담겨 있다. 나는 그때마다 알게 된다. 한 잔의 차는 단순한 음료가 아니라, 누군가의 위로가 될 수 있다는 사실을. 그래서 찻잎을 덖고 말리고, 물을 올리는 순간마다 내 마음도 함께 담긴다. 온 힘을 다해 만들어내는 차는, 누군가의 하루를 조금 더 부드럽게 만들 수 있음을 알기에 더욱 정성스러워진다. 잔에 담긴 따스한 향기는 말 없이도 손을 잡아주고, 조용히 등을 토닥여 준다.

뽕잎의 생약명은 상엽(桑葉). 서리가 내리기 전, 잎사귀에 수분이 점점 빠져나가며 서걱이는 갈대 같은 소리가 들릴 때, 뽕잎은 가장 빛나는 약재가 된다. 이 시기의 상엽은 마른 풀내음을 품고 있어, 한 모금만 들이켜도 계절의 변화를 온몸으로 전한다.

차를 빚는 이들은 이때를 기다린다. 자연이 만들어낸 흐름을 놓치지 않고, 서서히 시간을 발효시켜 새로운 향과 맛을 이끌어낸다. 발효상엽차 한 잔에는 바람, 서리, 흙과 햇살이 함께 녹아든다.

더 늦기 전에, 그 따뜻함을 마음에 품고 싶다. 잔 속에서 피어나는 마른 풀향을 들이마시며, 계절이 익어가는 순간을 고스란히 받아들여야겠다.

발효상엽차 만드는 방법

 **준비물**
- 가을 상엽

만드는 방법
① 상엽을 흐르는 물에 빠르게 세척
하고 물기를 뺀다.
② 덖음솥의 온도는 250도 이상에서
첫 덖음인 살청을 고르게 한다.
③ 강하지 않게 유념을 하고 건조 시킨다.
④ 전체 무게의 30%에 해당하는 가수를 한 후 60도가 넘는 온도에서 5
일간 발효시킨다. 이때 가수물은 감초 닳인 물, 생강 닳인 물, 혹은 술
도 무방하다.
⑤ 65도에서 5일간 발효된 상엽은 건조시켜 차로 완성한다.

TIP 팁

- 발효상엽과 함께 마시면 시너지가 배가 되는 차는 돼지감자차이다.
돼지감자차는 혈당의 속도 조절 브레이크로 주성분 이눌린(Inulin)
은 천연 수용성 식이섬유로 소장에서 소화·흡수되지 않고 대장에
서 발효된다.

- 상엽발효차는 당 흡수 자체를 차단하는 방패로 주성분은 DNJ(Deoxynojirimycin), 플라보노이드, 미네랄이다. DNJ는 소장에서 당 분해효소(α-글루코시다아제) 억제 → 식후 혈당 상승 완화를 한다.
- 상엽은 예로부터 서리맞은 상엽이 가장 효능이 좋다고 했다. 이는 서리 맞혀서 따라는 표현이 아니라 그만큼 일교차가 큰 서늘한 가을 잎을 사용하라는 말이다.

맨드라미꽃 산성 침출 인퓨전
(酸性浸出; acidulated infusion)

맨드라미(비트계 식물과 같은 베타시아닌 계열
색소)는 pH 4~5의 약산성에서 색·향이 안정
적이라, 레몬으로 pH를 낮춘 뒤 침출한다.
맨드라미를 산성 침출 인퓨전으로 추출(pH 보
정, 저온)하여 색 안정화 및 풍미 보존하는 방법
은 베타시아닌을 최대한 지켜내고 추출 후 음용
할 때 색, 향, 미를 유지하는 기술이다.

이은주 잔 속에 번지는 붉은 정원, 눈 맑음차 맨드라미 꽃차

들꽃: 늦게 피어 더 고운 애틋함

이은주

서늘한 바람이 카페 처마의 유리 풍경을 흔들 때, 찻잔 안의 차운도 가볍게 피어난다. 강변길 끝 몇 포기 남은 맨드라미가 올해도 조용히 불붙듯 붉어지는 계절. 오래 보아야 더 깊어지는 색이 있음을, 나는 매 가을 배우곤 한다.

마흔 언저리의 어느 날, 남편이 말했다. "요즘 눈앞에 까만 점들이 날아다니는 것 같아." 약초 공부를 막 시작하던 무렵이라 '비문증'이 떠올랐고 눈에 좋다는 청상자를 생각했다. 병원 갈 일임을 알면서도, 나는 굳이 시골길로 차를 돌렸다. 담장 밑, 우물가, 골목 어귀. 어릴 적엔 어디서나 보이던 봉선화와 맨드라미가 그 자리에 있을 것만 같았다. 꽃을 돈 주고 사는 법을 모를 때였다. 나는 마을을 훑어 다니며 맨드라미를 찾아 헤맸고, 어렵사리 데려온 꽃을 차로 만들 줄 몰라 설탕에 켜켜이 재웠다. 겨울이면 따끈한 물에 한 숟갈 풀어 마시며 투명한 붉은 색에 반했다. 그 온기가 나를 오늘의 차 선생으로 데려온 지도 모른다. 그날의 열정이 오늘의 결실이 아닐까?

맨드라미는 닭의 볏을 닮아 '계관화(鷄冠花)'라고 부른다. 조선 전기, 17세기 무렵 우리 땅에 들어와 마당과 절집을 물들였고, 흔해서 더 사랑받던 꽃이었다. 기록 속에서 사람들은 주로 씨앗을 썼다. 한의·중의서엔 청상자(靑葙子)라 하여 '간화(肝火)를 식히고 눈을 밝게 한다(明目)'라고 적었으니, 충혈과 침침함에 쓰였다는 오래된 지혜가 엿보인다. 오늘 우리가 마시는 맨드라미 꽃차는 비카페인 힐링 티로 이해하면 편할 것이다. 수분을 보충하고 마음을 부드럽게 풀어주는, 미학적·기호적 음용의 세계에 더 가깝다. 의료적 효능을 단정하긴 어렵지만, 붉은빛이 주는 심리적 안정과 '차를 마시는 시간'이 우리 하루를 차 생활로 인도한다.

뜨거운 물을 부으면 잔 속에 붉은 정원과 돌담길의 운치와 우물가 소박한 그림이 천천히 피어난다. 맨드라미의 유난한 수색이 파란 가을 하늘과 맞닿으며 더 따뜻해지고, 첫 모금은 눈을 밝히듯 시야를 맑게, 둘째 모금은 마음을 환히 켜주는 느낌이다. 손끝에 남던 거친 촉감, 마당 끝 흙내, 외할머니를 따라가던 골목의 풍경이 잔에서 되살아난다. "할매, 할매~" 부르며 쫓아다니던 어느 오후, 곱게 채를 썬 맨드라미 잎을 얹어 술떡을 찌던 부엌의 김까지. 타오르지 않고 오래 빛나는 색. 그게 화려하지도 예쁘지도 않은 맨드라미의 품격이다.

나는 가끔 생각한다. 내가 하는 일도 이 꽃을 닮았다고. 찾고, 기다리고, 마침내 한 잔의 온기로 피어나는 일. 제다실의 작은 소리, 주전자 목에서 일어나는 하얀 김, 찻물의 미세한 떨림을 지나 마침내 마주하는 한 잔. 누군가의 하루에 은근한 붉음을 더하는 그 순간을 위해, 나는 오늘도 창밖의 꽃처럼 조용히 내면을 쌓고 있다.

가을은 다시 돌아왔고, 또다시 가을이니, 붉은 차 한 잔으로 하루를 채워보자. 잔에 물을 붓는 단순한 동작 속에 마음의 자리가 생기고, 유리창 너머로 흔들리는 작은 붉은 점들이 내 안에서도 흔들린다. 늦게 피어 더 고운 애틋함이 마음 깊숙이 스며드는 때, 우리는 비로소 가을이라는 계절을 느끼는지도 모른다.

당신의 오늘이 이 붉음처럼 오래, 그리고 은근히 빛나길. 가을이니까. 그리고 또, 가을이니까.

 ## 맨드라미 꽃차 만드는 방법

🌿 **준비물**

- 맨드라미 300g 생강 10g 레몬3개 물 1.5L(씨방이 터지고 씨가 흐르기 시작하는 꽃은 다듬을 때 주의해야 한다.)
- 팁: 씨 청상자를 따로 모아 볶아서 사용 가능

🍵 **만드는 방법**

① 레몬 3개는 씨를 빼고 슬라이스 해둔다.

② 물 1.5.L에 레몬 1개 분량과 설탕 250g을 넣고 끓여서 80도 이하로 식힌다.

온도: 베타시아닌은 고온에 약함 → 80℃ 이하, 짧게 혹은 냉침 권장

색 보존: 추출 후 빠른 냉각, 빛·공기 최소화(밀폐·냉장)

③ 80도 이하로 식힌 물에 레몬 2개, 맨드라미 300g, 생강 10g을 넣고 1주일 숙성시킨다.

④ 1주일 후 걸러서 사용한다.

 팁

● 맨드라미를 차로 만들고 싶다면 어린 꽃을 잘게 잘라서 100℃ 온도에
서 완벽하게 익힌 후 잎 차처럼 유념(비비기)하면 꽃잎의 깃털이 아름
답게 살아난다. 한 번 덖어 유념한 꽃잎에 소금 한꼬집을 넣고 30분간
두었다가 건조하면 찻물 색이 더 진하고 아름답다.

Scald법으로 만드는 산국 스틱차

국화차를 만드는 방법은 다양하지만, 이 책에서
는 Scald 법(뜨거운 물에 짧게 담가 살균·데침
하는 방식)으로 만든 산국 스틱차를 소개한다.
누구나 따라 할 수 있고, 부작용 없이 즐길 수
있는 안전한 방법이다.

이은주 멋을 아는 산국 스틱차

달빛: 창백하게 빛나는 추억

이은주

어느새 가을이다. 머지않아 내가 아는 꽃들이 지천으로 피어날 것이다. 들녘 가득, 산비탈 가득 노란 꽃들이 무리를 지어 피어오르는 계절. 가을 들녘에 피는 수많은 국화과 꽃을 우리는 통틀어 '들국화'라 부른다. 쑥부쟁이, 산국, 감국, 동국…. 시골길을 걷다 보면 흔하게 마주치는 얼굴들이다. 그중에서도 유독 큰 무리로, 숨 쉬듯 번져 피는 꽃은 단연 쑥부쟁이와 산국이다.

내가 사십 대 초반이었을 때, 산야초 대학을 다니며 동료들과 일주일에 한두 번은 산으로 들로, 때로는 바닷가 모래땅으로 다녔다. 약초를 채취하러 떠나는 길은 늘 설렘이었고, 가을이면 산국이 그 설렘의 끝에서 나를 기다리고 있었다. 산국을 꺾어다 꽃과 가지를 분리하고, 잎을 가지런히 모아 깨끗이 씻어 말린 뒤 풀 먹인 광목에 싸서 베개를 만들기도 했다. 은은한 안식향 같은 향이 베개 속에서 올라오면, 잠은 더 깊어지고 밤은 더 고요해졌다. 향기로 누리는 숙면이란, 약초꾼의 큰 호사였다.

산야초를 배우러 가면 교수님들은 산국이 두통에 좋은 약초라고 했다. 반면 꽃차를 만드는 선생님들은 산국이 쓰다며, 꽃차로는 부적합하다고 아예 눈길조차 주지 않던 시절도 있었다. 그 말들이 틀렸다는 것은 아니었다. 다만 나는 산국이 가진 가능성을 — '쓴맛 너머의 어떤 향' 같은 것을 — 자꾸만 포기할 수가 없었다.

울산 정자 바닷가에 가면, 비탈진 절개지에 산국이 있었다. 마치 노란 이 불을 깔아 놓은 듯, 바람과 햇빛 위로 한꺼번에 피어 있던 꽃들. 나는 일주일에 서너 번, 한 시간 남짓 되는 길을 운전해 그곳으로 갔다. 바구니 가득 따 오면 다시 또 부엌에서, 작업대에서, 산국과의 씨름이 시작됐다. 소금물에 데쳐도 보고, 김이 오르는 찜기에 쪄도 보았다. 내가 원하는 국화향과 달큰함이 살아나는 날까지, 방법을 바꿔가며 여러 번 손을 댔다. '이쯤이면 되겠다'는 순간이 오기 전까지는, 늘 한 끗이 모자랐다.

그러던 어느 날, 홍차를 마시다가 문득 생각이 스쳤다.

'홍차물에 국화를 데치면 어떨까?'

그 생각은 금세 나를 환호하게 만들었다. 향은 더 선명해지고, 거슬리던 쓴맛은 뒤로 물러났다. 이후로 산국은 "써서 못 먹는다."고 말하던 사람들에게도 조심스레 내놓을 수 있는 차가 되었다. 한 모금 삼키고 난 뒤 그들이 말하곤 했다. 쓴맛은 간데없고, 국화향이 길게 여운으로 남는다고.

가을 들녘의 노란 무리 속에서 시작된 이 작은 발견이, 결국 산국을 '못 먹는 꽃'에서 '다시 찾게 되는 차'로 바꿔 놓았다. 그리고 나는 지금도, 그 향을 즐기며 해마다 산국차를 만든다.

산국(山菊)이라는 이름은 말 그대로 '산에 피는 국화'라는 뜻을 품고 있다. 들과 산, 숲 가장자리의 양지에서 흔하게 자라고, 9월에서 11월 사이 줄기 끝에 작은 노란 꽃들이 모여 피며, 가까이 가면 향이 먼저 인사를 건넨다. 이렇게 가을을 대표하는 국화가 만개할 무렵이면, 옛사람들은 꽃을 그저 바라보는 데서 멈추지 않았다. 음력 9월 9일 '중양절'에는 높은 곳에 올라가 국화를 감상하고, 술잔에 국화를 띄우거나 국화주를 마시며 오래 살기를 기원했다. 계절의 기운이 바뀌는 자리에서, 노란 꽃은 곧 '몸을 돌보고 마음을 다독이는 방식'이기도 했던 셈이다.

약으로 쓰일 때 산국은 흔히 '야국화(野菊花)'라는 이름으로도 불려 왔는데, 전통적으로는 산국을 포함한 몇몇 야생 국화류의 꽃머리를 약용으로 삼아 열감을 가라앉히고(청열), 부어오른 것을 풀며(소종), '독을 푼다(해독)'고 여겨 왔다. 그래서 목이 붓고 열이 오를 때, 눈이 충혈되어 따갑고 부을 때, 두통·현기증처럼 머리가 '상기되는' 느낌이 있을 때 도움을 준다고 기록되어 있다.

그래서 나는 가을이 오면, 들녘의 노란 물결을 그저 풍경으로만 지나치지 못한다. 산국은 내게 '약초'와 '꽃'과 '차' 사이를 오가며, 시간이 쌓일수록 더 깊어지는 존재가 되었다. 옛사람들이 계절의 문턱에서 국화를 띄워 마음을 다스리고 몸을 돌보았듯, 나 또한 한 해의 끝자락에서 이 작은 꽃을 다시 꺼내 든다.

차는 늘 그렇다. 한 번의 정답으로 완성되지 않는다. 산국도 그랬다. '쓰다'는 말 뒤편에 숨어 있던 향을 꺼내기까지, 나는 수없이 데치고 찌고 말리며 길을 바꿔 걸었다. 그 과정은 결국 산국을 바꾼 것이 아니라, 산국을 바라보는 나를 바꿔 놓았는지도 모른다.

이제 가을 들판에서 산국을 만나면, 나는 안다. 노란 꽃무리 속에는 세월의 방식이 숨어 있다는 것을. 오늘도 그 꽃을 조심스레 손에 쥐고 돌아와, 진한 홍차 물에 살짝 데친다. 쓴맛은 멀어지고 향은 남는다.

그리고 마지막 한 모금을 삼킨 뒤, 길게 남는 그 여운 속에서 확신한다. 가을은 다시 오고, 산국은 다시 피며, 내가 찾던 향 또한 다시 나를 찾아온다는 것을.

 ## 산국 스틱차 만드는 방법

준비물

- 꽃이 활짝 피지 않고 씨방이 단단한 산국화 줄기(약 15cm 길이로 잘라 준비)
- 진하게 끓인 홍차 물(감초, 대추 달임물로 대체 가능)

만드는 방법

① 산국화 줄기를 가지런히 정리하고 불필요한 잎을 제거한다.

② 홍차를 넣어 진하게 끓인 물에 준비한 산국을 20초 이상 담근다. 이때 국화는 노란빛을 유지하며 갈변하지 않는다.

    ※ 주의: 너무 빨리 빼거나 물 온도가 낮으면 꽃이 숨만 죽어 검게 변한다.

③ 꺼낸 국화를 빠르게 수분을 제거한다.

④ 50℃ 이하의 저온에서 건조한다. 온도가 너무 높으면 국화의 신선한 향이 사라지므로 주의한다.

TIP 맛있게 즐기는 팁

- 국화를 우릴 때 너무 오래 담가 두면 쓴맛이 난다.
- 블렌딩하면 더욱 풍부한 효능과 향을 즐길 수 있다.

TIP 블렌딩 팁

- 국화 + 로즈마리: 산뜻한 향, 항산화·혈액순환 도움
- 국화 + 생강: 몸을 따뜻하게 하고 숙면 유도
- 국화 + 결명자: 눈을 밝게 하고 간 해독 도움
- 국화 + 구기자: 눈 건강과 두통 완화에 효과적

사계절을 마무리하는 가치들의 겨울 풍경

나무들이 잎을 떨구고 앙상한 가지를 흔들 때, 집 앞 쇠미산은 어느새 겨울을 품는다. 잠깐 사이 사라진 반짝이던 잎과 이른 새벽 산새들의 울음소리가 고요해진 산에 스며든다. 갈색 속살을 드러낸 산은 찬 공기 속에 겨울 냄새를 번지게 하고, 서늘한 바람 끝에서 계절은 고요히 겨울의 문턱에 앉는다.

겨울이 되면 차와 함께하는 풍경이 가장 먼저 떠오른다. 산속 작은 공간에서 곤로 위 주전자를 데우며 피어오르는 생강차의 김, 담요를 뒤집어쓴 채 귤피차 향을 들이마시던 순간, 그 모든 장면 속에는 단순한 차향 이상의 따뜻함과 온기가 스며 있다. 차는 겨울이라는 계절과 자연스럽게 어우러지며, 기억과 감각을 동시에 깨우는 오브제가 된다.

겨울은 차가 가장 잘 어울리는 계절이다. 매서운 바람을 뒤로하고 문을 닫는 순간, 손을 감싸 줄 따뜻한 찻잔이 떠오른다. 몸이 으슬거리던 아침, 눈 내리는 창밖을 바라보던 밤, 차가운 거리를 걷다 언 손을 녹이던 순간까지, 겨울 풍경에는 늘 따뜻한 차 한 잔이 자연스럽게 스며 있다. 차는 이 계절의 배경이자 기억과 감각을 연결하는 매개체다.

또한 겨울에는 차와 약선의 경계가 자연스럽게 사라진다. 예부터 사람들은 계절의 냉기를 이겨내기 위해 몸을 데우는 재료로 차를 즐겼다.

이제 겨울이 다시 찾아왔다. 겨울의 찻자리로 천천히 걸어 들어가, 사계절의 가치를 마무리하는 따뜻한 순간을 경험해 보자.

이민정   피를 맑게 면역력을 높이는 발효연근차

바람: 차갑지만 따뜻한 헌신

서걱서걱, 연근이 잘리는 소리가 문화원을 맑게 채우고 아사삭, 칼끝이 도마를 스칠 때마다 손이 먼저 기억을 꺼내온다. 흐르는 물에 씻어 얇게 썰어 물기를 빼고, 찜기에 올려 증제한다. 크게 대단한 일은 아니지만, 이런 날은 몸이 먼저 순서를 안다.

이민정

어릴 적, 엄마 손을 잡고 나간 장날. 삐죽삐죽 길게 썬 삶은 연근을 파는 좌판 앞에서 걸음이 잠깐 멈추곤 했다. 어떤 날은 엄마가 사주셨고, 어떤 날은 다른 사람들이 먹는 걸 바라보다 그냥 지나쳤다. 한 입 베어물면 실이 찌익—그 달달함이 참 신기하고 맛났다. 나는 떼를 쓰지 못하는 아이였고, 사 주시면 입이 찢어지게 웃으며 받아 먹었다. 엄마가 그 앞을 빠르게 지나치면 나도 말없이 발걸음을 맞췄다. 손에 든 돈을 몇 번 더 세어보시더니, 반찬값이랑 차비 같은 단어들이 한숨 사이로 스쳐 지나갔다.

"다음에 사줄게." 그 짧은 말끝에 뜨거운 마음이 숨어 있었다. 지금은 그 마음을 안다. 사줄 수 없던 날의 미안함을 오래 붙들어두지 않으려면 집으로 돌아와 오늘 할 수 있는 일을 해야 했다. 그게 엄마의 방식이었다.

요즘 나는, 다시 그 마음을 배운다. 할 수 있는 일을 하는 것. 연근을 다듬어 썰고, 찌고, 발효하고, 다시 꺼내 덖고 식히고 또 덖어 식힌다. 어느 과정 하나라도 소홀하면 맛이 어긋난다는 걸 안다. 그 10초, 20초가 쌓이면 맛이 달라지고, 말로 다 설명하기 어려운 단맛이 생긴다.

살다 보면 차가울 수밖에 없는 현실을 자주 마주한다. 수많은 결정과 감당해야 하는 마음들 사이에서 손은 차갑게 현실을 만지고, 마음은 따뜻하게 이유를 붙든다. 결과를 재촉하지 않고 과정의 절차를 지키는 일. 나는 그걸 '헌신'이라고 부르고 싶다. 거창한 결단이 아니라, 누가 보든 말든 매일 같은 시간에 기준을 지키는 그 반복 말이다.

연근은 구멍으로 숨 쉬는 뿌리다. 썰면 동그란 구멍이 줄지어 나타나고, 그 여백처럼 마음도 한결 가벼워진다. 아삭함이 오래가는 것도 그 통로 덕분이다. 삶아 한 입 베어 물면 실이 찌익 늘어나는데, 속의 전분이 점성을 더해주기 때문이다.

흙내가 먼저 올라오지만 천천히 씹으면 담백한 단맛이 뒤따른다. 겨울로 갈수록 살이 단단해진다. 예부터 사람들은 국과 조림, 차로도 즐기며 속을 편하게 했다.

연근의 마디는 이어짐을 닮고, 구멍은 숨통을 닮았다. 급히 끊지 말고 잇자는 마음을 일깨운다. 나라마다 풍습도 다르다. 어떤 곳에서는 새해 상차림에 연근을 올려 앞날이 훤히 열리길 빌고, "연근은 끊어도 속은 이어져 있다."는 말로 정이 남아 있음을 이야기했다.

나는 그 말을 믿는다. 사줄 수 없던 날의 엄마 마음도, 오늘의 내 손끝도, 그렇게 실처럼 얇게 이어져 와서 한 잔의 차가 된다. 잔을 두 손으로 감싸 쥐면 구멍 하나하나가 숨을 틔우듯 복잡한 마음 사이로 바람길이 생긴다. 차가운 손끝에서 시작한 작은 반복이 방향을 바로 세운다. 연근은 결국 이어주는 뿌리다.

차갑게 지키고, 따뜻하게 건넨다. 그게 내가 배운 헌신이다.

 # 발효연근차 만드는 방법

 **준비물**
- 가을 끝~겨울 초의 연근

만드는 방법

① 연근은 흐르는 물에 깨끗이 씻고, 껍질째 물기를 제거한다.

② 연근을 3~5mm로 일정하게 썰어 준비한다.

③ 끓는 물이 오른 찜기에 올려 속까지 완전히 익힌다.

④ 쪄낸 연근을 완전히 건조한다.

⑤ 찌고 건조하는 과정을 3회 반복해 연근 속까지 수분을 줄인다.

⑥ 덖음과 식힘을 반복한 후 낮은 온도에서 향매김하여 마무리한다.

※ 포인트: 은은한 구수함과 함께 연근 단면이 진한 황갈색으로 변하고, 고소한 단향이 올라오면 잘 발효된 상태다.

우리는 방법

① 발효연근 3~5g을 넣고 90~95℃의 물 250mL를 부어 3~5분 정도 우려낸다.

② 내포성이 좋아 3~4회까지 연하게 다시 우려 마실 수 있다.

③ 여름철에는 한 번 우려낸 차를 식혀 냉장 보관했다가 얼음을 띄워 마시면, 구수하면서도 깔끔한 연근 냉차로 즐길 수 있다.

TIP **블렌딩 팁**

- 혈과 면역: 발효연근 + 구기자 + 대추
- 따뜻한 순환: 발효연근 + 생강 + 대추
- 혈관, 눈, 면역: 발효연근 + 국화 + 구기자

이민정   두통과 진통에 좋은 순비기열매차

얼음: 빛을 품은 정직

이민정

쉬우우우~ 쉬우우우~.

제주 바다에 섰을 때 파도보다 먼저 가슴에 닿은 건 숨비 소리였다. 살아 돌아오기 위한 가장 솔직한 리듬. 바다는 날씨를 숨기지 않고, 해녀는 과욕을 부리지 않는다. 숨이 닿는 거리만큼 머물고, 그만큼만 건져 올린다.

그날의 숨비 소리는 내게 기준이 되었다. 숨은 거짓을 허락하지 않는다. 내 일도 그렇게 하자. 가능한 만큼만, 있는 그대로. 숨기지 않고, 잘된 것은 잘됐다고, 모자란 것은 고치겠다고 말하는 것. 나는 그걸 '정직'이라고 부르고 싶다. 바다는 속임을 금방 알아챈다.

차도 마찬가지라고 생각한다. 차 맛을 잡아보겠다고 이리저리 뛰어다니던 때가 있었다. 그 분은 내가 차를 조심스레 꺼내는 모습을 한참 동안 말 없이 지켜보셨다. 한 모금 드시고 잔을 내려놓으며 이렇게 물으셨다. "다연 선생님 차를 맛있게 만드는 비결이 뭐라고 생각하세요?" 나는 쉽게 대답을 하지 못했다. 그분이 미소를 지으며 말씀하셨다. "재료가 정직한 건 기본이고요. 제일 중요한건 자신감이예요. 내 차가 제일 맛있다는 마음으로 만들어 보세요." 재료뿐만 아니라 마음까지 정직하게 만드는 차는 결국 맛으로 돌아온다는 것을 배웠다

몸이 지치거나 머리가 무거운 날이면 나는 순비기 열매(만형자)를 꺼낸다. 예전부터 두통이나 긴장을 달랠 때 오래 달여 마셨다고들 하지만, 느끼는 건 사람마다 다르다. 내게 이 차는 효능보다 마음을 다시 세우는 시간에 가깝

다. 해녀가 자기 숨을 믿듯, 나는 나의 호흡을 믿고 천천히 덖는다. 향이 숨지 않게, 불을 조급히 올리지 않게, 오늘의 상태를 있는 그대로 인정하며 한 잔을 준비한다.

순비기는 바다 가장자리에서 낮게 엎드려 자라는 염생식물이다. 모래를 붙들고 바람을 그대로 통과시킨다. 우리는 채엽할 때도 그 법을 따른다. 선생님들과 바닷가 모래사장에 주저앉아 각자의 몫만큼 순비기 잎을 딸 때, 우리는 바닥과 하나가 된다. 뙤약볕도 두렵지 않았다. 그저 오늘의 몫을 다할 뿐이었다.

올 한 해 수강생이 많아진 나를 위해 협회장님은 두 무릎을 내어 주셨다. 무릎 꿇고 채엽하신 절반을 내 바구니에 덜어 주시며 말씀하셨다. "다연아, 수업 잘해라." 그 순간 모래사장의 우리는 해녀가 되었다. 큰 배려와 사랑을 배웠고, 나도 그 마음을 내 일에 익히기로 했다.

공방으로 돌아오면 잎을 펼쳐 바닷내를 빼고, 한 시간 남짓 탄평시간을 갖는다. 서두르지 않는다. 남김의 예의를 지킨 채 모은 잎은 다음 계절에도 같은 모습을 약속한다. 이 차가 내게 알려 준 건 화려한 회복이 아니라 과장하지 않는 회복이다. 쌉쌀함이 먼저 오고 단맛이 나중에 오는 순서를 받아들이는 일, 그 질서를 존중하는 익숙한 손 놀림, 잔 하나를 끝까지 책임지고 나면 마음이 다시 곧게 선다. 그 정도면 오늘은 충분하다.

보감차문화원에서 나는 이 마음을 한 잔에 담아 건넨다. 빛은 사실로, 설명은 솔직하게. 바닷바람 같은 첫 향이 가라앉으면 마음도 제자리를 찾는다. 오늘은 오늘만큼 그러나 끝까지. 잔 하나에 내가 할 수 있는 만큼을 담아 둔다.

 ## 순비기열매차 만드는 방법

🌿 **준비물**
- 10~11월에 수확한 순비기열매(만형자)

🍵 **만드는 방법**

① 순비기열매는 이물과 줄기를 먼저 골라낸 뒤, 흐르는 물에 짧게 헹구고 체에 밭쳐 물기를 털어 낸다.

② 채반에 넓게 펼쳐 통풍이 잘 되는 그늘에서 완전히 말린다.

③ 마른 순비기열매를 찜기에 올려 약불에서 아주 살짝만 쪄 향을 깨운 뒤, 꺼내서 채반 위에 펼쳐 열, 김을 빼고 표면이 마를 때까지 식힌다 (오래 찌면 향이 무뎌지므로 살짝 찐다).

④ 전기팬을 가장 약한 불(1단)로 예열한 뒤, 순비기열매를 올려 천천히 덖으며 속 수분을 정리한다.

⑤ 마무리 단계에서 불을 아주 조금 올려 2~3분 정도만 더 덖어 고소한 향을 끌어올린다.

⑥ 완전히 식힌 뒤 소독해 말려 둔 병에 담아 밀봉한다.

※ 포인트: 은은한 순비기열매 향과 함께 고소한 볶음 향이 살짝 더해지면 잘 덖어진 상태가 된다. 두통에 마시는 차이므로 향이 너무 강하거나 탄 맛이 나지 않도록, 찌기·덖기 모두 짧고 부드럽게 마무리하는 것이 좋다.

우리는 방법

① 순비기열매차 2~3g을 다관이나 컵에 넣고 90~95℃의 물 200~250mL를 부어 5분 정도 우려낸다.

② 두통이 올 것 같은 날에는 조금 진하게 우리고, 2~3회까지는 색과 향이 남아 연하게 다시 우려 마실 수 있다.

③ 자기 전에는 물 온도를 85~90℃로 조금 낮춰 우리면 향이 부드럽게 올라와 편안하게 마시기 좋다.

TIP 블렌딩 팁

● 머리·눈 열 식히는 기본 두통: 순비기열매 + 감국

● 풍열 두통, 답답함·막힌 느낌을 시원: 순비기열매 + 박하 + 감초

● 눈 피로 + 두통 + 간·혈 보조: 순비기열매 + 국화 + 구기자

이민정 관절에 좋은 목과관절차

모닥불: 오래 머무는 나눔

이민정

"내 강아지, 예쁘게 커라이."
"바르게, 예의 바르게 커라이."
할머니는 늘 코끝을 찡긋하시고 내 볼에 얼굴을 부비셨다. 자식들에겐 툭툭 쏘아붙이던 말투가 내 앞에 서면 사르르 풀렸다. 하루 벌어 하루 사시던 분이었지만, 우리에게만큼은 언제나 큰손이었다. 엄마의 든든한 뒷배, 우리 집의 아랫목 같은 사람.

어릴 적 시장에서 돌아오시던 그날이 아직도 선명하다. 하루 품삯보다 비싸던 바나나 한 다발을 턱 하고 놓으며 "내 강아지, 어서 와서 먹어라. 큰 게 뭐든 좋은 기다." 하시던 목소리. 생선도 "제일 실한 거", 문어도 "제일 실한 거"로만 집어 오시던 그 손. 엄마와 외삼촌들한테는 잔소리와 호통을 아끼지 않았지만, 우리에게는 그저 '내 새끼'였다.

지금에야 안다. "예쁘게, 바르게 커라."는 말속에 숨어 있던 진짜 뜻을. '내 딸 마음 고생시키지 마라.' 그 부탁이었다는 걸. 바나나를 못 사 먹여 속상해하던 엄마를 대신해, 할머니는 말보다 먼저 손을 쓰셨다. 정작 가장 사랑하는 자식에게는 표현하는 방법을 배우지 못한 세대였을지 몰라도, 사랑을 건사하는 방법만은 누구보다 정확했다.

엄마는 그런 할머니를 보면 또 잔소리를 퍼부었다. "담배 좀 줄이소.""일

좀 그만 하소." 하지만 할머니는 자신이 할 일을 끝까지 스스로 하셨다. 누군가에게 짐이 되고 싶지 않던 분. 돌아가시기 1년 전까지도 밭에 나가셨고, 손가락 마디마디는 울퉁불퉁 굳어 있었다.

이제 내가 차를 만드는 사람이 되었다고 하면, 할머니는 뭐라 하실까.
"갖고 온나. 손가락 아프다이. 할매가 해 주께."
"맛 좋다. 진짜 내 새끼가 만들었나?"
그 웃음소리까지 귀에 쟁쟁하다. 그런데 정작 나는, 내 새끼들 사진 찍느라 그 옆에 계신 할머니를 한 장도 제대로 담아두지 못했다. 영상 속 목소리 하나 남기지 못했다. 그게 가장 큰 후회다.
"예쁘게 커라이, 안 그라믄 너거 엄마 힘들다."
그 말이 그 말이었구나. 뒤늦게 알아채고, 늦게야 미안하다고 중얼거린다. 할매⋯.

자신의 몸이 기운 다했다는 걸 알아챈 날부터, 할머니는 곡기를 끊으셨다. 서너 달 남짓, 엄마의 애간장을 다 녹여놓고는 마지막엔 미소로 하늘길을 택하셨다. 그렇게 윗세대에서 아랫세대로 마음이 건너갔다. 조부모에게서 부모에게, 부모에게서 우리 삼 남매에게. 징하다 싶을 만큼 질긴 사랑. 오래, 뜨겁고, 깊었다.
요즘 나는 목과관절차를 우리며 자꾸 할매의 그 손을 본다. 마른 손등의 힘줄, 각진 무릎, 바람에 닳은 옷자락. 할매.

모과는 한의에서 '목과'라 불리며 관절과 근육의 뭉침을 풀어주는 약재로 오

래 쓰여 왔다고 한다. 특유의 맑은 향과 떫은 뒤 단맛이 가을 기운을 붙잡아 주고, 비 오는 날 더 욱신거리는 관절을 조심스레 달래 준다. 우슬, 방풍, 천궁, 당귀, 계피까지. 허리와 다리, 기혈의 흐름을 도와주는 친구들을 조금씩 법제해 더한다. 그 향을 맡으면 따뜻한 할매의 아랫목이 떠오른다. 모닥불 같은 온기. 온 식구들이 다 둘러앉아 도란도란 목을 축이던, 그 느린 시간.

찻주전자에서 김이 오르면 먼저 향을 들이마신다. 모과의 산뜻함 뒤로 당귀의 묵직함이 깔리고, 계피가 길게 꼬리를 남긴다. 한 모금 머금으면 혀끝에 가벼운 떫음이 스치고, 곧바로 둥글고 은근한 단맛이 따라온다. 그 맛이 입안에 오래 머문다. 할머니의 말처럼, 큰 건 크게 오래 남는다. 나는 잔을 두 손으로 감싸 쥐고, 마음속 불씨를 살짝 더한다. 불을 키우지 않아도 되는 밤, 꺼지지 않게만 지키는 그 정도의 불.

차를 만들수록 알게 된다. 사랑은 거창하지 않다는 걸. 손에 쥔 재료를 믿고, 불을 조절하고, 식히고, 다시 덖는 그 느린 되풀이 끝에 비로소 얻는 향이 있다. 발효가 기다림의 다른 이름이듯, 위로도 기다림의 다른 말이다. 누군가의 통증을 대신 가져다 놓을 수는 없지만, 그 곁에서 조금 덜 아프게 머물 수는 있다. 차가 하는 일이 바로 그거다. 오래, 은근히, 곁을 지키는 일.

오늘 밤도 정직의 온기가 방바닥을 타고 퍼진다. 모닥불 앞에 앉은 것처럼, 말이 길 필요가 없다. '할매, 나 잘 지내.' 속으로만 인사를 건넨다. 잔 위로 얇은 김이 피어오르고, 사라졌다가, 다시 생긴다. 그 사이로 기억이 드나든다. 사진으로 못 남긴 얼굴, 영상으로도 못 남긴 목소리. 대신 향으로 남은 사랑. 손끝에 남은 따뜻함. 그게 나를 살게 한다.

나는 그렇게 배우고, 그렇게 건네받았다. 아낌없이 내주고, 오래 머무는 방법. 언젠가 내 아이들이 이 잔을 기억할 때, 그들도 누군가의 밤을 모닥불처럼 덥혀주면 좋겠다. '은근한 불, 오래 가는 온기' 우리가 물려주고 싶은 건 아마 그런 마음일 것이다.

 **목과관절차 만드는 방법**

🌿 **준비물**
- 목과(모과), 우슬, 방풍, 천궁, 당귀, 계지

🌀 **만드는 방법**

① 목과는 밀가루를 살짝 묻혀 껍질 겉면을 문질러 닦은 뒤, 따뜻한 물로 헹궈 깨끗이 씻고 물기를 뺀 다음 깍뚝썰기 한다.

② 썰어 둔 목과를 찜기에 찐다. 전통적으로는 9증9포를 권장하지만, 가정에서는 3증3포로 줄여도 충분하다. 한 번 찔 때마다 꺼내어 넓게 펼쳐 식히며 수분을 날리고, 다시 찌는 과정을 반복한다.

③ 우슬·방풍·계지는 각 재료를 적당한 길이로 절단해 덖으면서 건조한다.

④ 천궁은 미지근한 물에 1~2일 담가 기운을 순화시킨 뒤 건져서 물기를 뺀 후 절단하고, 건조한다.

⑤ 당귀는 소량의 술을 뿌려가면서 약불에서 천천히 덖어 주수법제를 한다.

⑥ 목과 4 : 우슬 1.5 : 방풍 1 : 천궁 1 : 당귀 1 : 계지 0.5 비율로 계량해 블렌딩한다.

🌀 우리는 방법

① 4~6g 정도를 다관이나 주전자에 넣고 90~95℃의 물 300mL를 부어
5~7분 정도 우려 마신다.

② 관절이 뻣뻣하고 냉기가 느껴지는 날에는 조금 더 진하게 우리고, 하
루에 2~3회 소량씩 나누어 마시면 좋다.

TIP 팁

● 생강과 대추, 모과를 채 썰어 설탕과 1:1 비율로 버무려 숙성하면 모과
청이 된다.

● 환절기에 기침이 나거나 목이 칼칼할 때, 따뜻한 목과관절차에 모과청
을 한두 숟가락 풀어 마시면 관절을 덥혀 주는 한 잔에 목까지 부드럽
게 풀리는 느낌을 더해 줄 수 있다.

피부미용에 좋은 윤기보습차 보음차

환절기 피부 관리에 좋은 보음차는 거칠어진 피부를 윤택하게 하고, 건조함을 막아 주는 차이다. 속을 촉촉하게 덮어 주는 차이기에, 이 차를 곱게 갈아 팩으로 활용해도 도움을 받을 수 있다.

별빛: 겨울 하늘이 건넨 자비

이민정

밤이 길어질수록 하늘은 더 비어 보이고, 별빛은 더 또렷해진다. 소리 없이 내려와 금 간 자리부터 비추는 그 빛을 나는 자비라 부르고 싶다. 따뜻함은 급히 오지 않는다. 오래 마른 부분부터 천천히 스며드는 것. 내가 차에서 배운 방식도 그러했다.

나는 오랫동안 나를 마지막에 두었다. 가족을 먼저 챙기는 일이 사랑의 전부라 믿었고, 내 몫의 마음 자리는 늘 비워 두었다. 뒤늦게 알았다. 그 사랑에는 자비가 빠져 있었다는 것을. 오늘의 나를 가엾게 여기고, 스스로에게 작은 온기를 허락하는 법. 그 작은 선택이 내 삶을 다시 데웠다.

차는 그 선택을 매일 연습하게 했다. 재료의 특성을 손끝으로 읽고, 불필요한 것을 하지 않는 일. 조급함을 덜고 필요한 만큼만 더하는 태도. 찻물이 오르는 사이, 스스로를 몰아붙이던 말들이 잦아들었다. "이 정도면 충분해." 그 조용한 허락이 하루를 살렸다.

보음, 음을 보태고 윤기를 더하는 이름. 구기자의 은근한 단맛이 마음을 달래고, 황정의 너른 기운이 속을 받친다. 진피는 흩어진 생각을 모으고, 율무의 담백함은 과한 욕심을 내려놓게 한다. 네 가지 재료가 같은 비율로 맞물리면 먼저 피부에 윤기가 돌고 곧 마음에도 윤이 돈다. 나는 이 잔을 겨울 하늘이 건넨 자비로 받아 마신다. 몸의 진액과 마음의 윤기가 한 잔 안에서 함께 돌아온다고 믿는다. 그 믿음은 아이와 앉은 식탁에서 따뜻한 대화로 바꾸었다

"엄마! 세상에 좋아하는 일을 하면서 살아가는 사람이 몇이나 될까?"

나는 잠깐 웃음이 났다.

"많지는 않겠지."

"그럼 엄마는 정말 행운아야. 나도 엄마처럼 좋아하는 일을 하면서 살 수 있을까?"

"찾을 수 있지. 엄마도 마흔이 되어서야 찾았는데 너도 충분히 찾을 수 있어."

이런 대화가 오가는 밤이면, 온 우주가 따뜻하게 데워지는 기분이 든다.

나는 잔을 데우기 전, 많은 대화를 한다.

기쁨 한 꼬집, 감사 한 꼬집, 오늘의 행복 한 꼬집. 물이 끓는 동안 기쁨을 떠올리고, 잔을 데우며 고마운 얼굴들을 불러 오고, 첫 향에서 지금 여기에 머무는 행복을 확인한다. 한 모금마다 살아 있다는 감각이 또렷해진다.

자비가 나에게서 멈추지 않을 때 비로소 가치가 된다. 먼저 나를 적시면 남는 온기가 있다. 그 온기를 아이들의 잔에 덜어 주고, 이웃의 잔에 나눈다. 잔이 오가는 동안 우리는 서로의 마른 계절을 알아보고, 말 대신 김이 오르는 방향으로 마음을 보낸다. 작은 식탁에서도 내일을 견딜 힘이 자란다.

겨울 하늘은 오늘도 별빛을 내려 보낸다. 나는 차를 만들고, 그 빛을 한 점 떠 마음에 얹는다. 먼저 나를 적시고, 남은 온기로 너를 데운다. 차는 나에게 희망의 불씨다.

마지막으로, 차를 만드는 사람으로서 나는 잔마다 기쁨과 감사와 행복을 담는 사람이 되고 싶다. 내가 차를 통해 받은 감동과 희망을 이웃과 나누는 사람이 되고 싶다. 어제의 나와 내일의 또 다른 나에게도 조용히 응원을 건네는 사람이 되고 싶다.

 ## 보음차 만드는 방법

준비물
- 구기자, 황정, 진피, 의이인(율무)

만드는 방법

① 구기자, 황정, 진피, 율무는 깨끗한 물에 세척한다.
② 구기자, 황정, 진피는 물기를 뺀 뒤 약불에서 각각 덖어 향을 살리고, 채반에 펼쳐 완전히 식힌다.
③ 율무는 깨끗이 씻어 12시간 불린 뒤, 1시간 정도 찜기에 찐다. 찐 율무는 고온에서 겉이 살짝 벌어지도록 볶아 준다(율무 알이 터지듯이 갈라져야 물에 우렸을 때 성분이 잘 우러난다).
④ 완전히 식힌 구기자·황정·진피·의이인(율무)를 구기자 2 : 황정 2 : 진피 2 : 의이인(율무) 2 비율로 계량해 고루 섞어 보음차 베이스를 만든다.

우리는 방법

① 티포트 또는 머그에 보음차 1큰술(약 5~7g)을 넣는다.
② 90도 전후의 따뜻한 물 200ml를 붓고 3~5분 정도 우린다.
③ 첫 잔은 은은한 향을 느끼며 마시고, 같은 잎에 2~3회까지 우려 마신다.

④ 하루 1~2잔 정도, 식후나 저녁 시간에 마시면 속이 편안하게 덥이는 느낌을 받을 수 있다.

김미연   기관지 기침에 최고 명약, 무 발효차

첫눈: 세상에 내린 첫인사와 희망

김미연

두 손에 찻잔을 감싸 쥐는 순간, 고요한 겨울의 숨결이 코끝을 스쳐 간다. 구수한 무 발효차의 향 속에는 오래된 시간의 따뜻함이 깃들어 있고, 김이 피어오르는 그 순간부터 마음이 풀리기 시작한다.

첫 모금이 입술을 적실 때, 단정하고 부드러운 단맛이 번져나가고 혀끝에 남는 구수함은 오래된 기억처럼 스며든다. 따뜻한 물줄기가 목을 타고 내려가면 아랫배 깊은 곳에서부터 서서히 피어오르는 기운이 있다.

그 순간, 어린 날의 풍경이 문득 떠오른다. 겨울이 다가오던 어느 저녁, 어머니는 늘 솥뚜껑을 걸어놓고 9증9포(九蒸九曝) 과정을 거친 무를 정성껏 덖어 차를 만들어 주셨다.

아궁이에서 피어오르던 연기, 다그락다그락 차를 덖는 소리, 두 손에 쥔 사발 속에서 퍼지던 무 향…. 그 모든 장면이 지금 이 찻잔 속에 살아 있다. 그때는 몰랐다. 그 한 잔이 단순히 몸을 덥히는 차가 아니라, 세상을 살아갈 힘과 마음의 안식이 되어주고 있었다는 것을.

'9증9포'란 '아홉 번 찌고 아홉 번 말리는 과정'을 뜻한다. 시간과 정성이 더해지며 무는 날것의 매운 기운을 벗고 속을 따뜻하게 덥히는 약차로 거듭난다. 이 차는 위장을 편안히 보호하고 소화를 돕는 동시에 기관지와 폐를 촉촉히 하고, 몸속 깊은 냉기를 풀어내는 지혜를 품고 있다.

무는 땅속에서 천천히 자란다. 그래서 인내와 기다림을 상징한다. 그 과정을 거친 차는 "시간이 깊어질수록 본질이 선명해진다."는 삶의 진리를 닮아있다.

첫눈이 내리는 날처럼 고요한 한 잔은 복잡한 마음을 차분히 가라앉히고, 한 줄기 향기는 오래된 기억을 불러온다. 수차례의 찌고 말리기, 숙성과 발효의 시간이 고되고 길게 느껴질지라도 그 시간을 지나야만 깊고 진한 향을 품을 수 있다. 무 발효차가 그렇듯 우리도 그렇게 단단해진다.

첫눈을 바라보며 깨끗한 희망을 품을 수 있는 것처럼, 9증9포 무 발효차 한 잔이 오늘 우리가 다시 시작할 힘이 되어주기를 바란다.

첫눈이 내리는 날, 세상은 잠시 멈춰 선다. 모든 것이 고요하고 모든 것이 새롭게 시작되는 그 순간, 무차 한 잔을 마신다. 아홉 번의 기다림이 만든 향과 기운이 몸을 덮고 마음을 안아준다. 어머니의 손길이 피어오르고, 지난 시간의 인내가 스며들고, 내일을 향한 희망이 조용히 자라난다. 그 한 잔 안에 삶이 있고, 계절이 있고, 우리가 있다.

무 발효차 만드는 방법

🍃 준비물
- 가을무, 발효기, 유산균

⊙ 만드는 방법

1. 세척 및 절단

가을 무를 깨끗이 씻어 껍질째 얇게 썰거나 큐브 형태로 절단한다. 무는 껍질에도 유효 성분이 많다.

2. 9증9포(九蒸九曝)

절단한 무를 아홉 번 찌고 아홉 번 말리는 과정을 반복하여 조직을 부드럽게 하고 유효 성분을 농축시킨다. 이 과정에서 매운맛이 줄고 감칠맛과 단맛이 형성된다. 햇볕에 말리는 것이 좋으나 도심에서는 건조기 사용이 용이하다.

3. 수분 조절 및 숙성

9증9포 과정을 마친 뒤 수분을 약 30% 남긴 상태에서 2일간 숙성한다. 숙성 중 효소 반응이 활발해지고 풍미가 안정된다.

4. 발효

약 38℃ 환경에서 유산균을 넣어 잘 섞어준 뒤 24시간 발효를 진행한다. 발효 과정에서 유산균과 유기산이 생성되어 장 건강과 소화력 향상에 도움을 준다.

5. 저온 덖음

발효가 끝난 뒤 약 90℃ 내외에서 저온 덖음으로 수분을 제거하고 향과 맛을 깊게 한다.

6. 병입 및 보관

수분이 완전히 제거되면 밀폐 용기에 담아 보관한다. 직사광선을 피해 서늘한 곳에 두면 장기 보관이 가능하다.

주요 효능

① 소화 촉진 디아스타제·아밀라아제 등의 효소가 위에서 소화를 촉진하고 식후 더부룩함을 완화한다.

② 위장 기능 개선 발효 중 생성된 유산균이 장내 환경을 개선하고 위 점막을 보호한다.

③ 담·가래 완화 유황 화합물이 호흡기를 깨끗하게 하고 가래 제거에 도움을 준다.

④ 면역력 강화 비타민 C, 항산화 성분, 유기산이 면역 체계를 높이고 피로 회복에 효과가 있다.

⑤ 혈액순환 개선 유기산이 혈류를 촉진하여 냉증 및 말초 순환 개선에 도움을 준다.

TIP 음용 가이드(궁합 & 섭취 팁)

1. 기본 음용법

- 1회 분량: 무 발효차 2~3g

- 물 온도: 90~95℃

- 우림 시간: 3~5분

- 섭취 타이밍: 식후 30분 이내 섭취 시 효소 활성도가 높아져 소화 효과가 극대화

2. 궁합이 좋은 재료

무 발효차는 단독으로도 충분한 효과를 발휘하지만, 아래 재료와 함께 블렌딩하면 효능이 강화된다.

- 곰보배추차 : 장 점막 보호, 장 기능 개선, 위장 기능이 약한 사람에게 추천
- 생강차 : 체온 상승, 소화 촉진, 속이 냉하거나 냉성 체질일 때 효과적
- 감초차 : 위산 조절, 점막 보호, 위가 예민하거나 자극을 느낄 때 적합
- 대추차 : 면역력 강화, 피로 회복, 계절성 피로와 체력 저하 시 활용
- 귤피(진피)차 : 가스 제거, 복부 팽만 완화, 소화 장애나 장내 가스가 잦을 때 도움

김미연   여성건강에 좋은 노박열매차

노박열매는 10~12월 사이, 붉은빛이 완전히
물들었을 때 채취하면 가장 향이 깊다. 가능
하다면 첫서리 내린 뒤 수확해 쓰면 단맛과
향이 부드럽다.

하얀 길: 발자국이 그린 약속과 신뢰

김미연

하얀 눈이 소복이 쌓인 길 위를 걷던 어린 시절이 떠오른다. 어머니는 내 손을 꼭 잡고 십 리 눈길을 걸어 도란도란 이야기꽃을 피우며 5일장에 가곤 하셨다. 하얀 눈이 돌부리도 꼭꼭 숨길 만큼의 날씨였지만 꼭 잡은 어머니 손에서 느껴지는 온기는 나에게 '신뢰'의 첫 기억을 만들어 주었다.

넘어져도 일으켜 세워줄 것이라는 믿음, 너를 지켜주마 하는 약속 같은 손길이 나에게 신뢰를 만든 씨앗이었다. 눈길에 새긴 발자국은 시간에 지워졌지만, 그때 태어난 믿음은 여전히 내 마음에서 살고 있다. 차를 만들 때마다, 발효의 시간 속에서 나는 '기다림의 신뢰'를 다시 배운다.

신뢰는 나 자신과의 약속이기도 하다. 완벽하지 않아도 괜찮다고, 오늘의 나를 믿어주는 다정한 위로. 때로는 발효의 시간을 조급히 재촉하고 싶을 때도 있지만, 차는 내게 늘 이렇게 속삭인다.

"기다림 끝에 진한 향이 피어난다."

그 말은 마치 내 안의 믿음처럼, 흔들려도 사라지지 않는 진심이 담겨 있다.

노박열매는 작은 붉은 구슬처럼 빛을 품은 열매이다. 한겨울에도 가지 끝에 매달려 찬바람에 흔들리면서도 쉽게 떨어지지 않는다. 그 강인함이 곧 여성의 내면과도 닮아있다. 따뜻한 성질을 지녀 몸속 냉기를 풀고, 순환을 도와주며, 피로와 무기력을 완화해 주고. 몸을 따스하게 데우는 차, 마음의 불빛을 켜주는 차. 그것이 노박열매차이다.

노박나무는 예로부터 '믿음의 나무'라 불렸다. 겨울에도 열매를 지키는 강한 생명력 때문에 '영원한 약속', '끈기', '변치 않는 사랑'을 상징한다. 꽃말 또한 '신뢰'와 '인내'. 그래서 이 차를 마실 때면 언제나 다시 믿을 용기를 얻는다.

노박열매차 한 잔을 마시며 생각해본다. 신뢰란 거창한 약속이 아니라, 매일의 작은 믿음이 쌓여 이뤄지는 발효 같은 것임을. 당신이 스스로를 믿는 마음, 그것이 바로 하루를 따뜻하게 덮는 차의 온기이다. 노박열매차처럼 단단하고 포근하게, 당신의 하루에도 신뢰가 피어나기를 바라본다.

첫눈 내린 하얀 길 위에 남은 발자국처럼 우리의 신뢰도 조용하게 선명하게 새겨지길, 노박열매차의 붉은 빛처럼 서로를 향한 믿음이 겨울의 차가움 속에서도 따뜻히 이어지길 바란다.

노박열매차 만드는 방법

준비물
- 잘 익은 노박열매 500g, 발효기, 유산균

만드는 방법

1. 세척과 손질

노박열매를 채취한 뒤 먼지와 불순물을 제거하고 흐르는 물에 두세 번 깨끗이 씻는다. 채반에 올려 겉의 물기를 완전히 말린다.

2. 덖음(살청)

팬을 중·약불에 달군 뒤 손질한 열매를 넣고 10분간 덖는다. 덖음과 식힘 과정을 3회 반복한다. 이 과정을 거치면 풋내가 사라지고 특유의 깊은 단맛이 생긴다.

3. 발효(선택)

수분이 30% 남아 있는 노박열매에 유산균을 약간 섞어 유리병에 담고, 발효기나 38℃ 정도의 따뜻한 곳에서 12~24시간 정도 둔다.

4. 건조와 보관

발효가 끝난 열매는 통풍이 잘되는 그늘에서 약 2주간 완전히 건조시킨다. 건조 과정에서 숙성되어 향이 안정되고, 우림했을 때 탁한 맛이 사라진다. 건조 상태와 습도를 체크한 뒤 병에 담아 보관한다.

5. 우려내기

마실 때는 95℃의 물 200ml에 노박열매 2~3g(약 1작은술)을 넣어 3분 정도 우려낸다. 은은한 붉은빛이 돌면 완성이다. 기호에 따라 꿀이나 조청을 약간 넣으면 부드럽고 따뜻한 단맛을 더할 수 있다.

TIP **보관 팁**

● 실온에서는 18개월 보관한다. 향이 약해질 때 다시 살짝 덖어주면 풍
미가 깊어진다.

잎이 울퉁불퉁해 '곰보'라 불렸지만, 그 이름과 달리 속은 단단하고 부드럽다. 서리를 맞아도 잎맥이 꺾이지 않고 오히려 단맛이 깊어지는 강한 약초다. 예로부터 사람들은 이 풀을 '만병초'라 부르며 몸의 염증을 다스리고 해독과 면역을 돕는 귀한 풀로 여겨왔다.

눈꽃: 차가움 속의 순수와 진실

김미연

아버지는 풍류를 알고 즐기시는 분이셨다.

"날아가는 까마귀야, 너도 한 잔 하자."

취기가 오르시면 늘 그렇게 말씀하셨다. 술기운이 돌면 싱글벙글 웃음이 번지던 그 얼굴엔 세상 근심이 잠시나마 사라진 듯한 평화가 깃들어 있었다. 노을이 지는 들판에서 막걸리 한 잔 기울이며 삶을 노래하시던 그 모습이 내 기억 속엔 늘 따뜻하게 남아 있다.

막내딸이었던 나는 그런 아버지가 세상에서 제일 좋았다. 아버지는 논갈이 하실 때도 나를 등에 업고 논과 밭을 갈았다. 고단한 농부의 여린 등에 업혀 아버지의 사랑을 체온으로 느끼며 자랐다.

그러나 아버지는 늘 쉰 목소리로 말씀하셨다. 기관지가 약해 목이 자주 쉬었고, 기침이 오래가곤 했다. 그 목소리를 들을 때마다 어린 마음 속에 안쓰러움이 깊게 자리했다. 그때는 몰랐다. 지금의 내가 그 '약초'를 발효시켜 '차'를 만들게 될 줄을.

흔히 '곰보배추'라고 불리는 이 풀은 잎이 울퉁불퉁하게 오그라든 모양과 약성 때문에 '만병초'라고도 한다. 거칠고 투박한 모습이지만, 그 속은 부드럽고 약성이 깊다. 예로부터 곰보배추는 항염과 해독 작용이 뛰어나 기관지, 간, 위 건강을 돕는 약초로 알려져 있다. 특히 환절기에 목이 자주 쉬거나 기침이 잦은 사람들에게 좋은 차로 손꼽힌다.

나는 이 곰보배추를 유산균 발효로 다스린다. 쓴맛은 줄이고 은은한 단향과 구수한 내음을 살린다. 발효의 시간 속에서 곰보배추는 더욱 부드러워지고, 마실수록 목을 편안하게 감싸주는 깊은 차가 된다.

이제야 비로소 그 의미를 안다. 어릴 적 아버지의 쉰 목소리와 기침, 그리고 그 뒤에 숨어 있던 조용한 웃음에는 언제나 건강을 잃은 기관지의 고통이 있었다는 것을. 그래서 나는 오늘, 곰보배추 발효차 한 잔을 아버지께 올리고 싶다.

"아버지, 이 차는 목을 따뜻하게 덮어주고 마음까지 고요하게 만들어줍니다."

그 한 모금 속엔 구수한 내음과 발효의 부드러움, 그리고 아버지의 풍류가 함께 녹아 있다. 첫서리 내린 새벽, 곰보배추는 찬 기운을 견디며 단맛을 품는다. 그 차가움 속에서도 순수한 생명력은 오히려 더 깊어진다. 마치 아버지의 인생처럼. 세상의 바람을 맞으면서도 끝내 따뜻함과 진실을 잃지 않던 그 마음처럼.

오늘 나는 그 마음을 따라, 차가움 속의 순수와 진실을 곰보배추차 한 잔에 담는다. 아버지의 쉰 목소리 대신 구수한 향이 피어오르고, 그 향 속에서 나는 여전히 그리운 그 풍류를 마신다.

 ## 곰보배추 발효차 만드는 방법

🌿 **준비물**

- 첫서리 맞은 곰보배추, 발효기, 유
  산균

⊙ **만드는 방법**

1. 채취와 세척

10월 말에서 11월 초, 첫서리를 맞은 곰보배추 전초를 채취한다. 아침 햇살이 오르기 전, 잎이 부드럽고 수분이 살아 있을 때가 가장 좋다. 깨끗한 물에 3회 세척 후 뿌리와 잎을 적당한 크기로 잘라 탄평(제다를 하기전에 재료속의 함수율을 조정하는 과정)한다.

2. 살청(殺靑)

뿌리와 잎을 각각 살청한다. 살청은 풋내를 없애고 효소의 산화를 멈추는 과정이다. 팬의 온도를 250도에서 잎을 살청한다(완전히 살청이 되어야 한다).

3. 비비기(揉捻, 유념)

살청을 마친 잎을 손으로 비벼 잎맥의 조직을 부드럽게 풀어준다. 잎을 손끝으로 원을 그리듯 천천히 비비며 잎 안의 수분과 향을 균일하게 섞는다. 이 과정은 곰보배추의 향을 더욱 깊게 만들고, 이후 발효 단계에서 단향이 잘 배어들게 한다.

4. 덖음(乾炒)

유념이 끝난 잎을 식힌 뒤, 다시 천천히 덖는다. 잎의 수분을 고르게 빼내며 향을 고정시키는 과정이다.

5. 숙성(熟成)

덖은 잎을 수분이 30% 남아 있을 때 밀폐 용기에 담아 습열발효로 12시간 숙성한다. 짧은 숙성이지만 이 과정이 차의 향과 색을 부드럽게 조화시킨다. 내부의 수분과 열이 고르게 퍼지며 발효 준비가 된다.

6. 발효(發酵)

숙성된 잎을 유산균을 넣고 잘 섞어준 뒤 발효용기에 담아 38℃에서 12시간 발효한다. 발효가 진행되면서 잎의 쓴맛이 사라지고, 은은한 단향과 구수한 향이 어우러진다. 서리를 견딘 곰보배추는 이 과정을 거치며 더욱 깊은 단맛을 품는다.

7. 건조(乾燥)

발효를 마친 잎은 저온(60℃ 이하)에서 6~8시간 건조한다. 손으로 비볐을 때 바삭한 소리가 나면 완성된 상태다. 고온에서 급히 말리면 향이 손상되므로 천천히 말려야 한다.

8. 병입(封入)

완전히 식힌 뒤 밀폐 용기나 유리병에 담는다. 그늘지고 통풍이 좋은 곳에 보관하면 시간이 지날수록 향이 부드럽게 숙성된다.

음용법

- 물 온도: 90~95℃
- 우림 시간: 2~3분
- 음용 시기: 식후 30분 내외, 하루 1~2잔이 적당하다.

꿀 한 방울을 더하면 단향이 살아나고 목을 부드럽게 감싼다. 감기 기운이나 피로가 있을 때 따뜻하게 마시면 기관지 진정에 도움이 된다.

○ 효능

곰보배추(배암차즈기·만병초)는 플라보노이드, 사포닌, 클로로필이 풍부해 항염·해독 작용이 뛰어나며, 기관지 강화·간 기능 회복·면역력 증진에 효과가 있다.

- 항염·해독 작용: 염증 완화, 체내 노폐물 배출
- 기관지 보호: 기침 완화, 목 점막 보호
- 간 기능 강화: 간세포 회복, 피로 완화
- 소화 촉진: 유기산이 위를 편안하게 함
- 면역 증진: 항산화 성분이 세포 노화를 억제함

TIP 함께 마시면 좋은 차

- 도라지 발효차: 기관지 보호와 시너지
- 생강발효차: 체온 유지와 혈액 순환 촉진
- 구지뽕잎 신선차: 간 해독 및 혈당조절

김미연 기의 막힘을 서서히 풀어주는 으름덩굴차

겨울밤: 고요가 감싸는 사랑

김미연

창밖의 바람은 살을 스치고, 차실을 차가운 냉기로 가득 메운다. 겨울 아침의 고요함 속에서 나는 차를 우린다.

한때는 차의 향도, 온기도 느낄 여유가 없었다. 그저 목이 마르니 마셨고, 건강차로 마셨고, 어머니가 내어주시니 습관처럼 마셨다. 하지만 이제는 다르다. 차는 내게 '쉼'이자 '사랑', 그리고 '대화'가 되었다. 아침 인사처럼 오늘의 차를 고른다.

"오늘은 어떤 차를 마셔볼까?"

향기가 은은한 차, 우림색이 고운 차, 묵직한 발효차. 그 날 마음과 컨디션에 따라 차를 고르고, 그에 어울리는 다관과 찻잔을 꺼낸다. 포트에 물 받는 소리, 서서히 물 끓는 소리에 잠시지만 평온함이 찾아 오고, 보글보글 소리와 함께 김이 피어오르는 그 순간이 좋다. 그 소리가 내 마음의 박동 같다. 차를 우려 한 모금 머금으면 온 세상이 잠시 멈추는 듯하다.

오늘은 으름덩굴차를 선택했다. 어머니께서는 늘 말씀하셨다.

"이건 신장에 좋아, 마셔봐라."

약이 귀하던 첩첩산골에서는 산야의 모든 것이 약이었다. 어머니는 내가 선천적으로 신장이 약하다는 걸 알고 계셨을까, 아니면 체질이 대물림된다는 걸 아셨을까? 어머니는 유독 으름덩굴차와 으름덩굴 식혜를 자주 만들어 주셨다. 쌉싸름한 차향, 살얼음이 동동 뜬 식혜 한 사발. 무쇠솥에 펄펄 끓여 후후 불어가며 손끝의 온기로 건네 주시던 어머니의 모습이 지금도 눈에 선하다.

이제는 내가 그 마음을 닮아, 해마다 나를 위해 으름덩굴차를 만든다. 쓴맛이 싫어 숙성과 발효를 거쳐 부드럽게 빚는다. 으름덩굴차가 되어가는 기다림 속에서, 어머니의 손길과 목소리가 다시 피어난다.

으름덩굴은 우리 산야 어디에서나 볼 수 있는 덩굴식물이다. 생약명으로는 목통(木通). 속이 비어 있어 "길이 통한다."는 뜻을 지녔다. 꽃은 4월에

서 5월 사이 자줏빛으로 피어난다. 꽃은 은은한 바닐라 향을 퍼뜨리는데, 꽃말은 '재능'이다. 보이지 않는 생명의 힘이 조용히 깨어남을 뜻한다. 《동의보감》에는 이렇게 적혀 있다.

"목통은 심장의 열을 내리고, 소변을 잘 통하게 한다."

즉 신장과 방광의 순환을 돕고, 몸속의 불필요한 열과 노폐물을 배출하는 효능이 있다. 그래서 예로부터 사람들은 몸이 붓거나 소변이 막힐 때 으름덩굴을 달여 마셨다. 그 차를 마시면 쌉싸름한 첫맛이 지나고 맑고 은근한 단맛이 남는다. 몸의 막힘이 풀리듯, 마음의 막힘도 사라진다.

댕그랑―. 문이 열리고 단골손님이 들어오신다.

"원장님, 남편이 곧 수술을 하는데요. 기침이 계속 안 낫습니다. 어떡하죠?"

"아이고, 어째요. 병원은 다녀오셨어요?"

나는 먼저 진단을 받으셨는지 묻고, 조심스레 말을 잇는다.

"기관지에는 도라지차나 곰보배추차가 도움이 될 거예요. 한번 드셔보세요."

걱정과 염려가 섞인 대화 속에서도 나는 늘 스스로에게 다짐한다. 차는 약이 아니다. 나는 약을 만드는 사람이 아니라, 맛있는 차, 건강차를 만드는 사람이다. 하지만 매일 마시는 음료와 밥상이 곧 약이 된다는 믿음으로, 오늘도 정성을 다한다. 차를 내릴 때마다 마음속으로 되뇌인다.

"조금 더 향기롭게, 조금 더 따뜻하게, 그리고 조금 더 신중하게."

문틈으로 매서운 바람이 스며든다. 나는 찻물을 올리고, 김이 피어오르는 모습을 바라본다. 점차 공간은 데워지고 차를 우려 한 잔 마시니 몸이 다시 따뜻해진다. 고요한 밤, 쌩— 스치는 바람 소리와 찻물 끓는 소리가 조용히 어우러진다.

　이것이 바로 '고요함 속의 사랑'이구나. 겨울밤, 그 사랑이 나를 감싸 안는다.

 ## 으름덩굴차 발효차 만드는 방법

 **준비물**

- 가을·겨울에 채취한 으름덩굴(줄기), 천일염

만드는 방법

1. 수세미로 으름덩굴의 껍질 표면을 부드럽게 문질러 깨끗이 씻은 후 적당한 크기로 자른다.

2. 소금물에 증제하기

찜기에 물을 붓고 소금을 1티스푼 넣는다. 물이 끓어오르면 강불에서 3분 정도 쪄낸다. 짧은 증제 과정이지만 풋내가 사라지고, 차향이 부드러워진다.

3. 덖음과 식힘의 반복

증제한 으름덩굴을 팬에 옮겨 담아 약불에서 천천히 덖는다. 덖음과 식히기를 반복하며 수분을 서서히 날린다. 수분이 약 30% 정도 남았을 때, 면보에 싸서 12시간 휴지한다. 이 과정에서 으름덩굴의 향이 깊어지고, 색이 고운 황갈색으로 변한다.

4. 숙성과 저온 덖음

12시간 숙성 후, 저온에서 덖음과 식힘을 여러 차례 반복한다. 남은 수분이 사라지고 향이 농축된다.

5. 완전 건조 및 병입

소독한 병에 담아 밀봉한 뒤 숙성시킨다. 시간이 지날수록 향이 깊어지고, 쓴맛이 부드럽게 숙성된다.

마시는 방법

- 우림 온도: 90~95℃의 물 200ml에 으름덩굴차 2g
- 우림 시간: 2~3분, 향이 충분히 스며들 때까지 우린다.
- 첫 잔은 쌉싸름하고, 두 번째 잔은 구수하고 은은한 단맛이 돈다.

잘 어울리는 블렌딩

- 도라지: 기관지 강화, 기침 완화
- 대추: 단맛을 더해 따스함을 배가 된다.
- 생강: 몸을 덥히고 순환을 도와 겨울철에 특히 좋음
- 감초: 으름덩굴의 쓴맛을 부드럽게 완화
- '으름덩굴 + 대추 + 생강'의 삼합은 겨울철 피로 회복과 순환 개선에 탁월한 건강 블렌딩이다.

TIP 마시는 팁

- 몸이 붓거나 순환이 더딜 때, 아침 공복에 한 잔 마시면 좋다. 저녁에는 도라지차나 곰보배추차와 섞어 기침과 갈증을 다스릴 수 있다. 하루 한 잔이 좋다. 너무 자주 마시면 몸속의 수분이 과하게 배출될 수 있다.

신주영   땅속의 장어, 우엉차

창가: 기다림이 내려앉은 인내

신주영

　겨울의 공기가 유리창 너머로 살며시 스며든다. 이 집으로 이사 왔을 때만 해도 산을 가까이 두고 살면 계절의 변화를 오롯이 즐길 수 있을 거라 생각했는데, 너무도 순진한 생각이었다. 산의 기척은 순식간에 바뀌고, 나는 무엇이 그리 바쁜지 눈앞의 산을 한 번 쳐다보는 것조차 잊고 산다. 오늘 아침처럼 유리창을 통해 들어온 온도의 변화에 깜짝 놀라 그때서야 건너다보곤 할 뿐이다.

　건너편 쇠미산은 이미 한 발 먼저 겨울을 맞이한 듯 고요하다. 산꼭대기에 걸린 햇살 한 줄기가 길게 그림자를 끌고 거실 깊숙이 스며드는 걸 보니, 계절이 정중히 제 자리를 내어준 모양이다.

　바야흐로 차를 마시기 좋은 시간이다. 오늘은 차 한 잔의 여유를 가져도 좋을 것 같다. 찻물을 숙우에 식히고 찻잔에 옮겨 담는 그 짧은 순간에 느껴지는 찻물의 열기가 유난히 따스하게 느껴진다.

　오늘의 차는 우엉차다. 땅속 깊은 곳에서 오랜 시간을 버텨온 우엉의 향이 김처럼 피어올라, 방 안의 공기를 천천히 감싼다.

　몇 해 전, '다이어트에 좋다'는 소문에 우엉차가 한동안 열풍이 불었다. 나도 그 흐름에 휩쓸려 시판 우엉차를 많이 마셨다. 하지만 마음이 차에 닿지 않았는지 이상할 만큼 그 맛이 기억나지 않는다. 아마도 그냥 무미건조한 습관 같은 맛이었을 것이다.

하지만 제대로 만든 우엉차는 다르다. 뿌리 차 특유의 흙내가 나지 않고 구수하고 은근한 단맛을 내뿜는다. 그 향은 무겁지 않으면서도 단단하게 스며들어, 겨울 방안을 포근하게 채운다. 어쩌면 이 고요한 향 자체가 '겨울의 한 조각'일지도 모르겠다는 생각이 든다.

우엉은 땅속 깊은 곳에서 아무도 주목하지 않는 시간을 묵묵히 견뎌온 식물이다. 그 속에는 '이눌린'이라는 수용성 식이섬유가 풍부해 혈당 조절, 장 내 환경 개선, 노폐물 배출에 도움을 준다. 땅속의 보약 같은 우엉차는 위장

을 편안하게 해주며, 차가운 공기에 긴장된 몸의 흐름을 부드럽게 풀어준다. 우엉은 한의학에서 '차가운 성질'을 가진 약재로 분류되지만, 과열된 몸의 기운이나 정체된 순환을 풀어내는 데 쓰여 왔다. 겨울철 순환이 둔해질 때 이 차가운 성질이 오히려 몸 안의 흐름을 정돈하고 균형을 만들어준다. 식사 후 소화를 돕는 데에도 좋은 차다.

그렇지만 내가 우엉차를 좋아하는 이유는 이런 효능 때문만은 아니다. 이 차에는 '기다림'이라는 온기가 있다. 우엉은 땅속에서 이미 인내의 시간을 견뎌낸 식물이다. 차로 덖는 과정에서도 마찬가지다. 이눌린의 손실을 최소화하려면 고온이 아니라 저온에서 천천히 덖고 우려내야 한다. 조급하게 고온에서 우리면 맛이 무너진다. 내가 우엉차를 사랑하게 된 건 그 '기다림'의 기운 때문이다.

우엉차는 처음부터 강렬하지 않다. 시간이 필요하고, 기다림이 있어야 향이 진해진다. 따뜻한 물에 천천히 우릴수록 우엉이 가진 진가가 드러난다. 그 과정이 땅속에서 긴 시간을 견뎌내는 우엉의 삶과 닮아있다. 차 한 잔 속에 담긴 기다림의 시간들은 나에게 서두르지 않아도 괜찮다고 위로를 건넨다. 조급한 하루의 발걸음을 조금 늦추고, 창밖의 겨울 산도 보고 하늘도 보면서 차를 우리는 30분의 호사를 누려도 괜찮다고.

우엉차 한 잔에는 땅의 시간이 담겨 있다. 모든 게 멈춘 듯 보이지만 겨울 땅 안은 여전히 살아 있고, 다음 계절을 준비 중이다. 그래서 우엉차에는 조금 멈추고 쉬어가도 괜찮다는 조용하지만 단단한 위로가 배어 있다.

　찬바람이 유리창을 흔드는 겨울 오후, 우엉차 한 모금이 전하는 따뜻함은 난방보다 오래간다. 그것은 단순한 열기가 아니라, 기다림이 만들어낸 따스함이기 때문이다. 천천히 스며드는 그 온기속에서 나는 잠시 멈추어 선다.

 ## 우엉차 만드는 방법

🌿 **준비물**

- 우엉(굵은 우엉은 심이 단단할 수 있으므로 피한다)

🌀 **만드는 방법**

① 우엉은 껍질째 깨끗이 씻어 깍둑 썰기 한다.

② 찜기에 올려 3증 3포(찜과 건조를 3번 반복)한다.

③ 팬에서 수분의 약 70%를 날린 뒤, 저온에서 12시간 숙성시킨다.

④ 얇은 팬을 이용해 덖음과 식힘을 반복하며 수분을 완전히 제거한다.

⑤ 습도를 체크한 뒤 완전히 건조시키고, 병에 담아 보관한다.

TIP **팁**

- 우엉 껍질에는 사포닌 등 유효 성분이 풍부하므로 껍질째 사용하는 것이 좋다.
- 이눌린(수용성 식이섬유)의 손실을 최소화하려면 저온에서 천천히 덖으며 숙성하는 것이 중요하다.
- 85도의 물에서 10분 정도 우리면 구수하고 은은한 맛을 즐길 수 있다. 너무 오래 우리면 쓴맛이 날 수 있다.
- 국화과 알레르기가 있는 사람은 섭취를 피한다.

겨울마루: 따스히 우려나오는 추억

신주영

어릴 적, 겨울이 되면 우리 집 마루 한켠에는 어김없이 늙은 호박 몇 덩이가 묵직하게 자리를 잡았었다. 울퉁불퉁 크기도 모양도 제각각인 호박들은 겨울이 시작되었음을 알리는 우리 집만의 포근한 신호 같았다. 차가운 바람이 문틈으로 스며들어도, 그 호박들이 자리한 마루는 늘 따뜻했다.

엄마와 할머니는 겨울 내내 그 호박들로 커다란 솥 가득 호박죽을 끓이셨다. 주걱이 바닥을 긁을 때마다 솥에서 '폭폭' 터지듯 끓어오르던 소리, 그 달콤하고 구수한 냄새는 부엌과 마루를 가득 채웠다. 완성된 호박죽을 양재기에 가득 담아 이 집 저 집으로 심부름을 다닐 때면, 죽의 무게만큼이나 따뜻한 정을 나누는 것 같았다. 그때의 우리 집은 그야말로 소문난 동네의 호박죽 맛집이었다. 그 시절의 음식은 정성을 듬뿍 담아 함께 나눌 때 비로소 완성되는 맛이었던 것 같다.

세월이 흐르고 살 곳을 옮겨 다니면서, 이웃과 음식을 나누던 정겨운 풍경은 희미해졌다. 어쩌면 그 과정에서 호박죽의 맛도 조금은 변해버린 걸까? 어릴 때 먹던 그 죽의 맛을 이제는 어디에서도 느낄 수가 없다.

나를 지켜주시던 따뜻한 외할머니는 영영 돌아오지 못할 곳으로 가셨고, 엄마도 더 이상 온 동네 사람들을 위한 호박죽을 끓이지 않으신다. 그 넉넉했던 마루의 풍경도, 내 어린 시절의 아름다운 동화처럼 아련한 추억으로만

남게 되었다.

그때의 나는 마루의 호박들을 보며 참 많은 상상을 했다. 요정이 나타나 호박을 반짝이는 마차로 바꿔주기도 하고, 허수아비가 구멍 난 호박 머리를 쓰고 나에게 말을 걸어오기도 했다. 그 마루는 언제나 호박이 차지하고 있는 내 상상 속 겨울 정원 같았고, 동화 속 한 장면 같은 곳이었다. 지금 생각해 보면, 그건 단순한 집안의 풍경이 아니라 따뜻했던 내 어린 시절 사랑의 온도였다.

가끔은 할머니께서 호박 속에서 파내 볶아주시던 호박씨가 너무 그립다. 기름 없이 마른 팬에 볶아 껍질을 깐 호박씨를 비닐봉지에 가득 담아 건네주

시던 할머니. 간식거리가 귀했던 그 시절, 그 호박씨 볶음은 세상에서 가장 고소하고 달콤한 간식이었다. 톡톡 터지는 고소함이 입안 가득 퍼질 때면, 할머니의 따뜻한 손길이 고스란히 느껴지는 듯했다.

　하지만 이제, 나를 위해 호박씨를 볶아주시던 할머니도 계시지 않고, 친정집 마루에 호박이 쌓여 있던 겨울 풍경도 마음속에만 남아 있다.

　문득 그 시절의 온기와 정이 너무나 그리워질 때가 있다. 그러면 나는 늙은 호박으로 차를 만든다. 호박을 썰 때마다, 주황빛 속살 사이로 그 시절의 겨울이 다시 살아나는 것 같다. 호박을 껍질째 썰고, 습도를 맞춰 정성껏 발효시키고, 다시 덖어내는 과정 속에서 나는 작은 시간 여행을 한다.

그것은 단순한 제다가 아니다. 호박이 건너온 세월의 향을 되살리고, 내 안의 엄마와 할머니를 다시 만나는 시간이다. 그 옛날 엄마와 할머니께서 나에게 죽을 끓여주시던 넉넉한 정성과 시간을 나 스스로에게 선물하는 의식이 된 것이다.

발효된 호박차는 첫 모금부터 포근하다. 입안에서 감도는 은은한 단맛 뒤로 볶은 곡식 같은 향이 남는다. 마시는 동안 마음이 천천히 풀리고, 몸이 따뜻해진다. 호박에는 비타민 A와 E가 풍부해 면역력에도 좋고, 부드러운 당질이 위장을 편안하게 해 준다.

한 잔의 호박차는 결국 '그리움의 시간'을 우려내는 일이다. 따뜻한 향을 들이마시면, 젊었던 엄마의 밝은 얼굴을 만나고, 늘 건강하셨던 할머니를 다시금 만나는 것 같다. 세월은 흘렀지만, 사랑의 온도는 여전히 잔 속에 남아 있다.

 호박차 만드는 방법

🍃 준비물
● 단호박 또는 늙은 호박

⭕ 만드는 방법
① 준비한 호박을 껍질째 깨끗하게 씻어 속을 파내고 적당한 크기로 썬다.
② 건조기에서 70% 정도 건조한 후 익힌다. 너무 말리면 발효가 안 되니 겉만 마르는 정도로 건조시킨다.

③ 호박을 면포로 덮고, 따뜻하고 습한 환경(온도 30도, 습도 70% 내외)
   에 12시간에서 24시간 정도 발효시킨다.
④ 팬에서 덖으며 완전히 건조시킨다.

◯ **마시는 방법**

● 끓였다가 한 김 식힌 물(80도 정도) 200ml에 발효호박차 2g을 넣고 3
  분 정도 우려내면, 깊고 구수한 향과 함께 은은한 단맛이 도는 따뜻한
  호박차가 우러나온다. 발효를 거쳤기 때문에 일반적인 호박차보다 훨
  씬 부드럽고 숙성된 깊은 맛을 느낄 수 있다.

TIP **팁**

● 늙은 호박일수록 당도가 높고 베타카로틴 함량이 풍부해 깊은 단맛과
  색을 낸다. 단호박은 부드럽고 향이 은은해 블렌딩용으로 좋다.
● 발효 과정 중 단내와 은은한 구수한 향이 올라오면 젖산균 발효가 잘
  진행된 것이다.
● 발효 중 통풍이 너무 좋으면 건조되어 발효가 멈추니, 반밀폐 상태 유
  지가 중요하다.
● 생강 조각이나 말린 대추, 감초를 10% 이내로 섞으면 '약선 발효호박
  차'로 풍미와 효능이 상승한다.

신주영   심신을 안정시켜 주는 황칠잎차

하얀 새벽: 시작을 여는 소망

신주영

발효차 제다(製茶)의 손길이 더욱 분주해지는 건, 늦가을의 문턱을 넘어 겨울이 막 시작될 무렵이다. 온기가 필요한 계절, 찻잎을 다루는 일이 때로는 고되다가도, 창밖이 하얗게 밝아오는 새벽 일찍 일어나 가만히 찻물을 끓이는 그 순간이 주는 작은 사치가 하루를 버티게 하는 힘이 된다. '오늘은 어떤 차를 마시며 이 고요한 시간을 열까?' 고민하는 그 찰나의 망설임조차 행복이다

요즘은 특히 딸아이 생각이 자주 난다. 타지에서 혼자 공부하며 몸도 마음도 지쳐 있는 아이. 전화기 너머로 "요즘은 좀 아파."라는 말이 들릴 때마다, 가슴 한쪽이 조용히 덜컥 내려앉는다. 경제적으로도 넉넉지 않은 형편이라, 도와주지 못하는 미안함이 늘 남는다. 그래서일까, 집에 내려오면 쉼처럼 딸에게 내어줄 선물이라는 마음으로 차를 만드는 날이 많아졌다.

제 아무리 찻일을 하며 심신을 다스려도, 자식 생각에는 완벽한 평정심을 찾기가 어렵다. 그런 마음으로 다시 꺼낸 것이 바로 황칠잎차였다. 사실 나는 처음엔 이 나무의 존재조차 몰랐다. 도시에서만 자란 탓에 나무의 이름들에 매우 무지했었다.

비발효차 제다법을 배우던 어느 날, 선생님이 재료로 내어주신 낯선 잎이 바로 황칠이었다. "효능이 아주 좋아요." 그 말에도 처음엔 별 감흥이 없었다. 살청, 유념 같은 단어도 낯설던 시절이라, 그저 연습용으로 차를 만들어보고 잊고 말았다.

그러다 작년, 우연히 황칠나무 잎이 조금 생겼다. 예전 기억을 살려 가벼운 마음으로 다시 비발효차를 만들어봤다. 그런데 차를 우려 마시는 순간, 그동안 이 귀한 재료를 신경 쓰지 않았던 게 너무도 미안했다.

황칠 특유의 깊은 향과 은은한 단맛이 감도는 구수한 차 맛이 참 좋았다. 실제 황칠에는 안식향 성분이 있어 심신 안정에 도움을 준다고 알려져 있다고 한다. 또 진시황이 찾던 동방의 불로초로 추정하기도 한다는 기록도 있다.

차를 앞에 두고 있으면, 언제나 마음이 사람으로 향한다. 서울에서 홀로 고군분투하며 스트레스로 염증과 불면의 밤을 버티고 있을 딸이 생각났다.

황칠나무의 꽃말인 '효도', '귀한 선물', '건강'. 그 세 가지 말이 어쩐지 지금의 내 마음을 닮아 있는 것 같았다. 삼국시대부터 귀한 공예품에 쓰이고, 조선시대에는 조공으로 바쳤다는 이 나무는 그 자체로 '정성'의 상징이었다고 한다. 이 귀한 차를 따뜻하게 우려주면 얼마나 좋을까.

딸은 평소엔 차를 마시지 않으면서도, 집에 오면 꼭 "엄마, 맛있는 차 우려줘." 하고 차를 찾는다. 그런 딸 덕분에 나는 유독 맛있거나 귀한 차는 딸의 몫으로 따로 쟁여두는 습관이 생겼다. 언제 올지 기약은 없어도, 딸과 마주 앉아 차를 같이 마시는 순간을 상상하는 것만으로 이미 행복해지기 때문이다. 따라서 황칠의 효능과 의미를 생각하면, 황칠잎차는 사랑하는 딸을 위해 가장 귀하게 쟁여두어야 할 귀한 선물인 것이다. 예로부터 귀한 대접을 받은 황칠을, 내게 가장 귀한 존재인 딸에게 정성껏 우려주는 즐거운 상상에 오늘 새벽이 유독 따뜻하다. 그 황금빛 찻물처럼, 내 마음도 딸에게 닿아 은은한 위로가 되기를 간절히 바라본다.

황칠잎차 만드는 방법

🍃 준비물

- 황칠잎차(늦가을의 성엽)

⭕ 만드는 방법

① 깨끗하고 상처 없는 잎을 골라 흐르는 물에 가볍게 씻어내고, 물기를 완전히 제거한다.

② 잎맥을 중심으로 3~5mm 간격으로 곱게 채 썰어 준비한다.

③ 찻잎이 타지 않도록 주의하며, 250℃~300℃의 높은 온도에서 익혀낸다.

④ 살청을 마친 찻잎을 적당히 비벼 세포 조직을 파괴한다. 찻잎의 숨이 죽을 정도로 부드럽게, 그러나 힘 있게 비벼준다.

⑤ 살청-유념 과정을 거친 찻잎을 다시 200℃ 내외에서 2~3회 반복하여 덖고 비벼준다.

⑥ 마지막 덖음 단계에서는 온도를 낮춰 찻잎의 은은한 향을 끌어올리고 잔여 수분을 완전히 날려준다.

TIP 팁

- 안정 레시피: 불면증이나 스트레스에는, 저녁 식사 후 80℃의 물로 황칠차를 진하지 않게 우려 따뜻하게 먹으면 좋다. 신경을 편안하게 이완

시켜 숙면을 돕는다.

- 기운 레시피: 피로 회복이나 면역력 증강이 필요할 때는 황칠차에 대추나 생강을 얇게 썰어 함께 우린다. 맛의 조화는 물론, 몸을 더욱 따뜻하게 해주는 시너지 효과를 얻을 수 있다.

- 요리에 활용: 황칠을 끓인 물을 밥물이나 육류 요리(특히 수육, 삼계탕 등)의 육수로 활용해 보자. 은은한 향이 풍미를 더하고, 육류의 지방 분해를 돕는 황칠의 효과까지 더할 수 있다.

신주영 소화촉진에 좋은 귤피차

서리꽃: 찬빛 속의 절제

신주영

어릴 적 내 식수는 언제나 보리차였다. 엄마는 주전자에 볶은 보리를 넣고 늘 은근한 불로 끓이셨다. 그 냄새는 집 안 구석구석 스며들어 마치 한 채의 집이 통째로 구수해지는 느낌이었다. 그 시절, 물을 마신다는 건 곧 보리차를 마신다는 뜻이었다. 내가 기억하는 한에서는 보리차가 아닌 식수를 마신 기억은 없다. 가끔 엄마가 옥수수나 결명자를 넣고 물을 끓이시면 집에 마실 물이 없다는 것과 같은 느낌이었다.

중학생이 되고 겉멋이 들면서 나는 커피믹스를 처음 마셨다. 심야 라디오 방송을 들으며 마시는 달콤하고 씁쓸한 한 모금. 맛을 제대로 알았는지는 모르지만, 그 행위 자체가 사춘기 소녀에게는 큰 낭만처럼 여겨졌다. 작은 컵 속의 갈색 액체가 맛있다는 생각은 안했지만 그 향은 좋았다. 한 컵의 커피 믹스를 마시고 두 컵의 보리차를 마시며 입가심해야 했지만 커피를 마시면서 라디오를 듣는다는 행위 자체가 어쩐지 어른스럽다고 생각했던 시절이었다. 그때부터였을까. 차를 마신다는 건 나에게 음료 이상의 어떤 의미, 낭만을 공유하는 이들의 문화로 각인되었던 것 같다. 지금 뒤돌아보니 내가 알아차리기도 전에 나는 이미 차를 마시는 사람이었다는 생각이 든다. 의식하지 못하고 있었지만 일상에서 늘 차와 함께 있었던 것이다.

약선차를 배우며 귤피차를 다시 만났다. 감기로 코가 막히던 어린 시절, 외할머니는 말린 귤껍질을 끓여 그 김을 쐬고 마시게 하셨다. 그래서 겨울이 되면 상비약처럼 마루 한 켠 소쿠리 위에는 겨울 햇살에 꾸덕꾸덕 말라가는 굴껍질이 누워 있었고, 그 향은 겨울향으로 남게 되었다. 상큼한 시트러스 향은 겨울의 공기를 가볍게 만들었다. 보리차처럼 굴피차도 차라는 인식을 하기도 전에 이미 내 추억의 일부였던 것이다.

하지만 오늘 내가 마시는 진피차는 그때의 굴피치와는 조금 다르다. 제주 토종 재래귤인 진귤의 껍질로 만든 진피차. 진귤은 울퉁불퉁하고 작으며 씨가 많아 생과로는 인기가 없지만, 조선시대에는 임금께 진상하던 귀한 과실이었다. 그 껍질로 만든 진피차는 시간이 지나고 말려 묵혀질수록 향과 약성이 깊어져, 3년 이상 묵힌 진피차는 마치 세월이 빚은 약처럼 부드럽고 따뜻하다.

그러나 이 진피차의 진짜 가치는 따로 있다. 다른 차들의 풍미를 완성시켜주는 조용한 조연이라는 점이다. 맛이 덜하거나 부족한 차에 들어가면 그 풍미를 살려주고, 심심한 차에는 향의 깊이를 더해준다. 각종 약선차와도 기가 막히게 어울려 약용 효능을 더욱 다양하게 만들어준다. 자신의 향을 과시하지 않으면서도, 모든 것을 조화롭게 묶어내는 진피는 차의 세계에서 일종의 음률 조정자 같은 존재다.

나는 그런 진피차를 참 좋아한다. 울퉁불퉁한 외형, 쓸데없이 많은 씨앗, 그리고 눈에 띄지 않는 겸손한 색감까지, 언뜻 보기엔 쓸모없어 보이지만 시간이 지날수록 진가를 드러내는 차. 겨울의 매서운 찬바람 속에서도, 그 깊은 향은 은은하게 남아 마음을 따뜻하게 덮어준다.

묵힐수록 깊어지는 차. 나도 진피차같은 사람이 되고 싶다. 차곡차곡 쌓인 시간의 무게를 감싸 안고, 조용히 숙성되어 더 깊어지는 사람. 겨울이 혹독할수록 향기로 남는 사람으로.

 **굴피차 만드는 방법**

 준비물
- 진귤

 만드는 방법
① 11월 중순~12월 초순의 제주 토
종 진귤을 준비한다.
② 깨끗이 씻은 뒤, 소금물(1%)에 5
분 정도 담가 표면의 농약과 불순
물을 제거한다.
③ 물기를 닦아낸 후, 반으로 잘라서 속을 파 낸다.
④ 껍질을 2~3cm 폭의 길이로 썰어 증제 후 낮은 온도에서 덖는다. 이
때 습기가 남아 있으면 곰팡이가 생기므로, 껍질이 바삭하게 말라야
한다.
⑤ 완전히 건조된 껍질을 유리병이나 항아리에 넣어 6개월 이상 숙성하
면 향이 안정되고, 3년 이상 묵히면 약성이 최고조에 달한다.

 우리는 방법
건조 진피 1g(작은 티스푼 1/2 정도)에 물 200ml 정도의 비율로 우린다.
80℃에 5분이 적당하다. 너무 뜨거운 물(100℃)을 쓰면 향이 날아가고
쓴맛이 강해진다.

TIP 향을 깊게 하는 팁

- 껍질을 살짝 덖어 내면(약불에 1~2분) 향이 훨씬 농밀해진다.

→ 덖음 과정에서 껍질 속 정유 성분이 열에 반응해 고소한 향을 낸다.

- 생강, 대추, 감초와 함께 끓이면 겨울철 감기 예방용 약선차로 좋다.

- 홍차나 보이차에 블렌딩하면 차의 풍미를 부드럽게 만들어준다.

TIP 보관 팁

- 완전히 건조된 진피를 밀폐 용기에 넣고 직사광선을 피한 서늘한 곳에 둔다. 가능한 한 습기와 냄새가 없는 공간을 선택한다. 장기 숙성 시, 진피 특유의 향이 깊어지고 색이 짙은 갈색으로 변한다. 이때부터는 차의 품격이 한층 높아진다.

김종숙 갱년기 여성에게 좋은 갈근해독차

눈송이: 스치듯 다가온 이해

차가운 바람이 불어오는 계절, 한 모금의 갈근
해독차를 입안에 머금었다. 갈근의 쌉쌀한 단맛
과 생강의 알싸한 맛, 감초의 은은한 단맛, 대추
의 포근한 향이 어우러지며 갈근해독차는 내 몸
속에 따뜻하게 스며들어 마음까지 편안하게 감싸
준다.

김종숙

여자에게 좋다고 알려진 이 차를 함께 나누고 싶은 사람들이 주위에 많
다. 오랜 시간 갱년기로 힘들어하는 분들, 몸의 균형을 되찾고 싶은 분들과
갈근해독차 한 잔으로 잠시 편안한 시간을 나누고 싶다.

갈근해독차는 부드럽고 구수한 맛이 특징이며, 생강이나 대추를 더하면
더욱 따뜻하고 편안한 향이 깊게 퍼진다. 인공적이지 않은 자연 그대로의 흙
내음과 은은한 단맛은 몸의 열과 독소를 풀어주는 데 도움을 주는 자연 해독
의 상징과도 같다.

차향을 맡고 있자니 '자유'라는 단어가 스친다. 갱년기의 뜨거운 열감과
감정의 파도 속에서 조금씩 벗어나고, 다시 내 몸과 마음을 되찾는 조용한
자유.

갈근은 몸속의 열을 내려주고 피로를 풀어주며, 마음까지 정화시키는 자
연의 선물과 같다. 그래서 갈근해독차는 단순한 음료가 아니라 몸과 마음을

깨끗이 비워내는 정화의 의식 같은 의미를 가진다.

칡꽃의 꽃말은 끈기, 인내, 은은한 사랑, 그리고 자연의 회복력이다. 성급함이 우리를 자주 다그치지만 모든 일에는 때가 있고, 원인이 있으면 결과가 있으며, 해결에는 반드시 과정이 필요하다. 차도 인생도 쉽게 끓여서는 깊은 맛이 나지 않는다. 천천히, 충분히 우려낼 때 비로소 향과 맛이 깊어진다.

그래서 나는 오늘도 스스로에게 말한다.

서두르지 말자.

기다림의 시간은 헛되지 않다.

그 안에서 우리는 부드러워지고, 향기로워지고, 여유로워진다.

바다를 바라보며 따뜻한 잔을 두 손으로 감싼다. 파도 소리와 햇살이 창가에 내려앉고 잔 속의 진한 갈근해독차의 향기가 나를 천천히 깨운다. 스치듯 찾아온 작은 이해가 결국 삶의 가장 진한 향을 만드는 법을 말해준다. 오늘, 갈근해독차 한 잔으로 내 안의 갱년기 열기를 조용히 식혀본다.

 # 갈근해독차 만드는 방법

준비물
● 갈근(칡뿌리) 말린 것, 생강 슬라이스(선택), 대추 슬라이스(선택)

만드는 방법
① 재료 세척: 갈근, 생강, 대추를 흐르는 물에 가볍게 씻어 준비한다.

② 끓이기: 냄비에 물 1L 기준 갈근 한 줌(약 20-30g)을 넣고, 약불에서 20~30분 은근하게 끓인다.

③ 향 더하기: 생강과 대추를 넣고 5~10분 더 약불로 끓여 향과 단맛을 우려낸다.

④ 따뜻하게 마시기: 체에 걸러 컵에 붓고, 천천히 숨 고르듯 한 모금씩 마신다(꿀을 넣으면 맛이 더 부드러워져서 마시기 편하다).

블렌딩 방법
1. 깔끔 해독차

- 갈근 (기본으로 5~10g), 헛개나무 뿌리 또는 열매(5g), 오미자(5g)

- 갈근의 해독·순환 기능 + 헛개나무의 간·해독 보조 + 오미자의 기운 정리 기능

- 만드는 방법: 재료 모두 물 500mL에 넣고 약 15-20분 약한 불로 달이고, 식혀서 하루 1~2잔 마시면 좋다.

2. 혈액순환 & 피로 회복차

- 갈근(5~10g), 결명자(5g), 구기자(5g)

- 혈액순환 개선, 피로 회복에 좋은 재료들을 조합

※ 팁: 결명자는 볶아서 사용하면 향이 더 좋다.

3. 림프 & 부기 케어차

- 갈근(5~10g), 율무(5g), 감초(소량)

- 림프 흐름·부종 케어를 염두에 둔 조합. 감초는 향을 부드럽게 하고
  차 맛을 보완해 준다.

4. 스트레스 해소차

- 갈근(8g), 시호(4g), 진피 (3g)

- 간 기운이 막힌 느낌, 스트레스·답답함 있을 때 적합한 조합

5. 여성 갱년기 & 혈행 보조차

– 갈근(5~10g), 당귀(5g), 황기(5g)

– 갈근이 식물성 에스트로겐 유사체 작용 가능성이 있다는 언급이 있다.

TIP **활용 팁 & 주의사항**

● 차 맛이 강하거나 쓰다면 꿀이나 레몬 등을 조금 추가해도 된다.

● 블렌딩 후 냉장 보관 시 24시간 이내 드시는 게 안전하다.

오가피는 뿌리, 줄기, 열매, 잎 등 식물 전체가 약이 되는 귀한 약초다. 특히 열매는 은은한 단맛과 깊은 향을 품고 있어 몸을 서서히 따뜻하게 해준다. 지친 몸과 마음에 잔잔하게 기운을 채워주는, 오래 머무는 힘을 가진 차이다.

긴 밤: 깊은 믿음

김종숙

나에게 친구란 학창 시절 함께 추억을 나누고, 나이가 들어서도 보약 같은 차 한 잔을 사이에 두고 서로의 안부를 묻는 믿음 같은 존재이다. 겉으로는 보이지 않지만, 묵묵히 나를 지지해주고 응원해주는 든든한 마음. 무엇이든 할 수 있을 것 같은 힘을 주는 보이지 않는 지원군, 그것이 바로 믿음 아닐까.

그리고 오가피열매차는 바로 그런 믿음을 닮았다. 나는 어느덧 누군가의 건강을 걱정하고, 그를 위해 믿음으로 기도할 줄 아는 나이가 되었다. 몸이 지칠 때 진하게 우려낸 차 한 잔을 마시면 쓴맛과 단맛이 함께 입 안에 남는다. 그 맛은 꼭 우리의 인생과도 같다. 쓴 시간을 견디고 나서야 단맛을 알아차릴 수 있으니, 그 속에서 또 다른 믿음이 자란다. 그래서 이 차는 나를 위로한다. 우정과도 비슷한, 말로 설명하기 어려운 마음으로….

오가피는 오래전부터 기운을 북돋우는 열매로 알려져 왔다. 겨울에도 기운을 잃지 않는 단단한 생명력 덕분에, 약재로 귀하게 여겨졌다. 중국에서는 '다섯 겹의 껍질을 가진 나무'라는 뜻에서 오가피라 불렸고, 기력 회복과 인내의 상징으로 전해 내려온다. 차가워진 땅 속에서도 얼지 않고 뿌리를 붙드는 힘, 그것이 오가피가 가진 생명의 깊이다.

차를 마시며 나는 문득 생각한다. 믿음은 기다림의 또 다른 이름일지도 모른다. 뜨거운 물에서 천천히 피어나는 오가피열매처럼 삶도 마음도 금세 변하지 않지만, 천천히, 그러나 분명하게 빛을 더해 간다. 지금의 나도 그렇게 우러나고 있을까? 쓴 시간을 지나 더 단단해지고 있을까?

오가피열매차는 말없이 가르쳐 준다. 믿음은 다그침이 아니라 기다림 속에서 자라는 향기라고. 오늘도 한 잔의 오가피열매차를 마신다. 그 쓴맛 속에서 오래된 믿음을 되새긴다. 눈이 내리는 창밖을 바라보며 조용히 속삭인다.

긴 밤, 깊은 마음.

이 겨울을 지나면, 분명 봄이 올 것이다.

 ## 오가피열매차 만드는 방법

🌿 **준비물**

● 오가피열매

🌀 **만드는 방법**

① 열매와 가지를 분리하여 세척한다.

② 김이 오른 찜기에 충분히 쪄서 1차 건조한다.

③ 건조된 오가피열매에 30%의 가수를 하고 60℃ 온도에서 5일간 습열발효한다.

④ 덖기(볶기) : 팬에 약불로 올리고 타지 않게 천천히 덖는다. 향이 은은하게 올라올 때까지 유지한다.

⑤ 체 치기 : 덖은 뒤 체에 쳐서 떨어지는 찌꺼기를 제거한다.

⑥ 재덖음 + 수분 날리기 : 다시 한번 약불로 가볍게 덖어 남은 수분을 완전히 날린다.

⑦ 보관 : 완전히 식힌 후 병에 담아 습기가 차지 않도록 밀봉한다. 차를 우려 마신 뒤에도 뚜껑을 꼭 닫아 보관한다..

TIP **블렌딩 팁**

오가피열매차는 특유의 쌉싸름하고 매운 향을 중화시키고 풍미와 건강 효능을 높이기 위해 다양한 재료와 블랜딩할 수 있다.

1. 오가피열매차 + 대추

오가피열매를 끓일 때 대추를 함께 넣으면 대추의 자연스러운 단맛이 오가피의 쓴맛을 완화하고, 두 재료 모두 기운을 북돋는 효능이 있어 상승효과를 준다.

2. 오가피열매차 + 생강

몸을 따뜻하게 하는 생강을 추가하면 오가피열매차의 따뜻한 성질을 보완하고 향미를 더할 수 있다. 특히 환절기나 추운 날씨에 좋다.

3. 오가피열매차 + 감초

감초는 다른 한약재의 조화를 돕고 단맛을 부여한다. 소량의 감초를 넣으면 오가피열매차의 맛을 한층 부드럽게 만들 수 있다.

4. 오가피열매차 + 갈근(칡)

오가피와 갈근을 함께 사용하면 허리 건강에 매우 효과적인 것으로 알려져 있다. 두 가지를 함께 달여 마시면 근골격계 건강에 도움을 줄 수 있다.

5. 오가피열매차 + 꿀 첨가

차를 다 끓인 후 기호에 따라 꿀을 첨가하여 마시면 오가피 특유의 맛에 대한 거부감을 줄이고 더 맛있게 즐길 수 있다.

이 외에도 인삼, 당귀 등 다양한 한약재나 허브를 개인의 취향이나 건강 상태에 맞춰 블렌딩하여 즐길 수 있다.

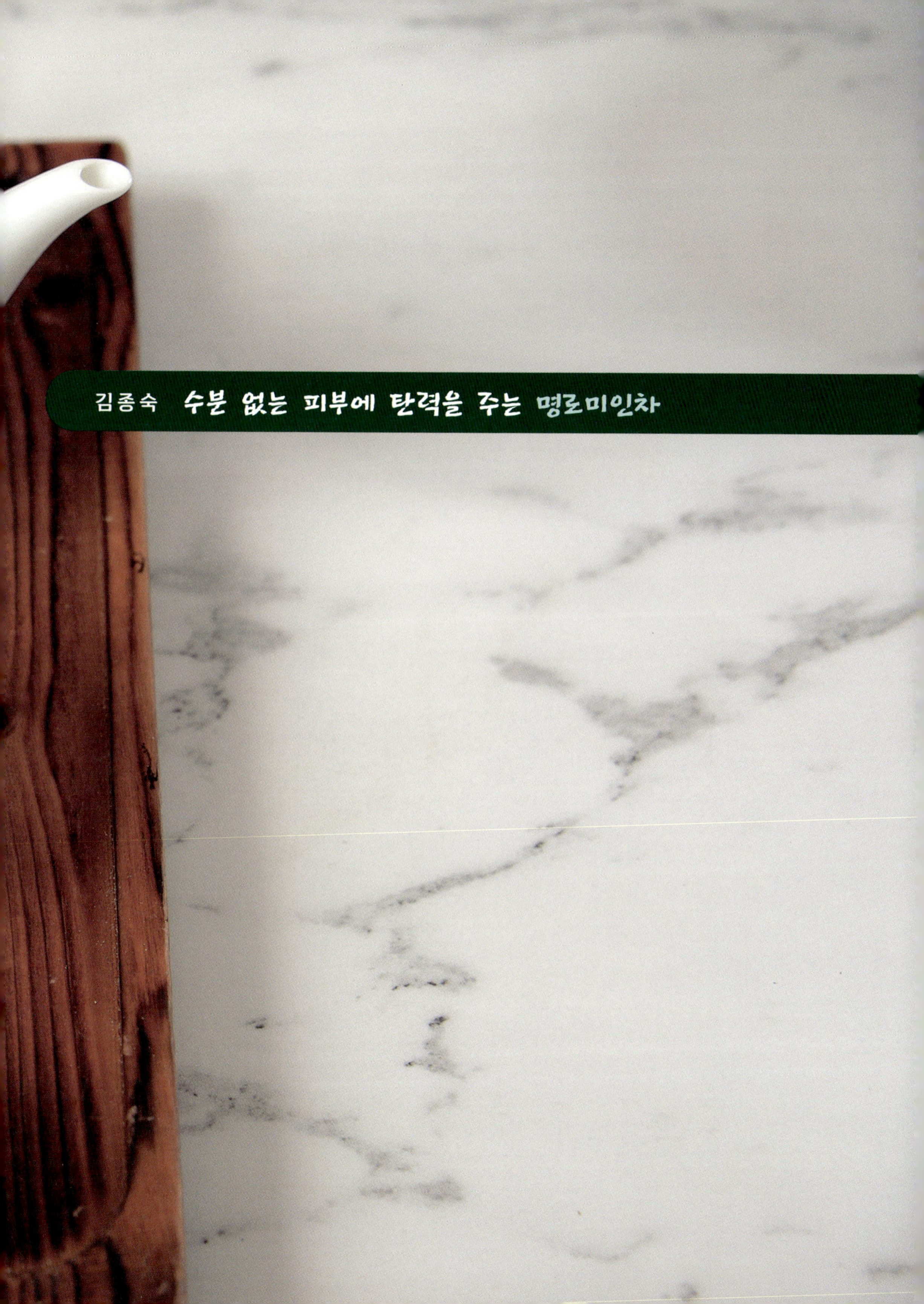

김종숙
수분 없는 피부에 탄력을 주는 명로미인차

눈길: 천천히 걸어야 보이는 겸손

김종숙

"염병하네."

내가 부정적인 얘기를 할 때마다 이 말을 하는 그분은, 나의 진취적인 활동을 좋아하신다. 농담 삼아 던지는 말에도 진지하게 답하며 조목조목 따지고 쓴소리를 하는 나에게 항상 하시는 말이다.

하지만 그 말이 화가 나지 않는 이유는, 친하지 않으면 본인의 고향말로 그렇게 이야기하지 않으실 분이기 때문이다. 그래서 나쁘게 들리지 않는다.

거짓말을 못해서 상대방에게 상처가 되는 말을 할 때가 많은 나 자신을 본다. 대부분 사람들이 그냥 웃어넘길 수 있는 말에 굳이 초를 치는 나에게 그분은 늘 그런 말을 하신다. 듣기 좋은 말만 해도 될 텐데 항상 진지하게 말하는 내가 재수 없다는 말도 하신다.

그럼에도 그분은 서로 자기 발전을 위해 공부하는 노력형 사람이라, 늘 응원을 아끼지 않으신다. 그 사람이 내뱉는 말에 어떤 심정이 담겼는지, 그 마음에 내 마음을 포개어본다.

어쩌면 그 말은 당신에게 응원을 해 달라는 뜻이었을지도 모른다. 어디 가서 남의 희망을 꺾는 듯한 말은 하지 말라는 충고였는지도 모른다. 남에게 응원해 줄 수 있는 그런 말들로 오늘 그 사람의 언어에 대해 글로 답해보려 한다.

이제는 열심히 살아가고 있는 그 사람에게 응원과 연민을 전하고, 결과물들을 기록으로 남겨두려 한다. 찻잔에 명로미인차를 우리며 그 사람을 떠올린다. 물속에서 잎이 천천히 풀린다. 향이 방안을 감싸고 내 마음의 먼지가 조용히 내려앉는다.

명로미인차, 밝고 맑은 사람. 이름처럼, 나이에 어울리지 않게 순수하고 순박함을 간직한 그 사람을 떠올리게 하는 차의 이름이다. 삶을 견디며 버려야 하는 중년의 가뭄 같은 그 사람의 삶을 닮은 차 같기도 하다.

명로미인차는 오래전 중국 복건(福建) 지방의 산골 마을에서 유래했다고 한다. 새벽 안개가 걷히기 전, 이슬이 맺힌 찻잎을 따서 만들었기에 '이슬처럼 맑은 사람의 차'라 불렸다. 그 마을 사람들은 이 차를 병든 이에게 건넬 때 "몸의 열이 내려가고 마음의 탁함이 사라진다."고 말했다 전해진다. 명로미인차는 상처 난 삶을 다독이는, '이슬의 기도' 같은 차였다. 영혼이 아이 같은 그 사람의 맑은 기도 같은 차였다.

눈길 위를 걷듯 조용히, 그리고 천천히 찻잔을 든다. 삶이 미끄러지지 않도록, 마음이 다치지 않도록 내 글과 내 차가 겸손을 닮아 그 사람에게 손을 내밀고 싶다.

"다시 한 번 걸어보자." 말해보고 싶다. 멈추면 비로소 보이는 것들이 있다 하지 않았는가. 나는 그 사람의 삶을 천천히 생각해본다. 그리고 마음으로 동행해보려 한다. 그 사람의 말을 한없이 애정으로 바라볼 수 있는 눈길 같은 사람이 되어보려 한다.

 **명로미인차 만드는 방법**

🌿 **준비물**
- 모과, 석류피, 계피, 감초, 생강

🟢 **만드는 방법**

① 모과와 석류는 밀가루를 묻혀서 잘 문지른 후 물로 씻어준다.

② 모과는 반으로 갈라서 씨를 제거하고 깍뚝 썰기로 잘게 썰어 준다.

③ 석류 알맹이는 터지지 않게 분리하고 껍질을 잘게 썰어 준다.

④ 생강을 잘게 깍뚝 썰기로 썰어서 물에 한 번 헹군다.

⑤ 팬에 찜기를 걸치고 모과와 석류, 생강을 올려서 자체 수분으로 잠깐 쪄 준다.

⑥ 쪄진 재료들을 재빨리 식혀준다.

⑦ 팬을 중온에 예열하고 덖음을 시작한다.

⑧ 겉 수분이 마르면 조각낸 계피와 감초를 넣고 함께 덖어준다.

⑨ 수분이 완전제거 되면 향매김 후 밀봉한다.

🟢 **석류 알갱이**

① 알맹이를 터지지 않게 손질해서 건조기 70℃에서 건조한다.

② 석류껍질과 생강 계피를 덖음한 차에 알맹이차를 함께 넣어준다.

③ 향 매김 온도에서 30분간 가향처리해서 보관한다.

TIP **석류와 모과의 효능**

1. 석류

석류는 '여자의 과일'이라 불릴 만큼 여성호르몬 유사성분이 풍부하다. 석류와 궁합이 잘 맞는 것으로 진피와 토마토가 있다. 석류에는 에스트로겐이 많은데 이 성분은 갱년기 질병에 좋으며, 피부노화방지, 탈모 방지 등에 좋다. 또한 혈액 속 노폐물 제거에도 도움을 주어서 혈액 순환에도 좋다. 그 외 피로회복에도 도움을 주며, 다이어트에도 좋은 식품이다.

2. 모과

모과에는 구연산, 무기질, 철분과 칼슘이 많다. 이 성분들은 근육과 뼈를 튼튼하게 해 준다. 플라보노이드나 탄닌 성분이 풍부하고 비타민C가 많아서 피로회복에 좋고 감기증상이나 기침, 가래에 효과가 있다.

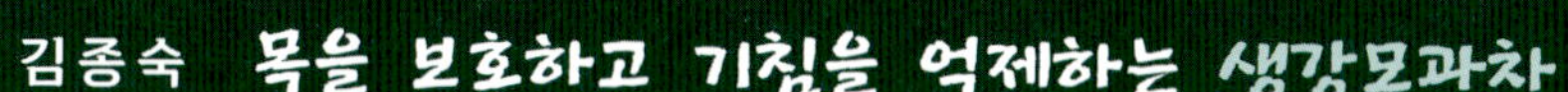
김종숙   목을 보호하고 기침을 억제하는 생강모과차

하얀 숲: 고요를 품은 평화

김종숙

하얀 눈길. 차가운 겨울. 그러나 이 계절 속에서도 따뜻함을 느끼는 순간이 있다. 찻잔 위로 피어오르는 희미한 김은 마음을 데워 주고, 나이가 들어갈수록 생강모과차 한 잔이 주는 온기의 의미를 더욱 깊이 느끼게 된다.

젊은 날의 나는 늘 가족이 먼저였다. 그때의 내게 차는 여유를 가진 사람들이나 마시는, 조금은 사치스러운 것처럼 보였다. 그러나 어느 순간부터 차는 내게 쉼이자 휴식의 이름이 되었고, 생각이 머무는 자리이자 마음의 온도를 조절해 주는 작은 체온계가 되었다.

차와 함께한 겨울밤들이 많았다. 그 밤들은 말없이 나를 감싸 안아 주었고, 나는 그 조용한 포옹 속에서 천천히 살아났다.

환절기 바람이 차갑게 불어오는 날, 오랜만에 생강모과차를 선택했다. 처음 이 차를 마셨을 때의 기억이 아직도 생생하다. 새콤달콤한 맛 위로 은은한 매운 향이 감돌고, 한 모금 뒤에 찾아오는 따뜻한 단맛이 입안을 차분하게 채워주었다. 모과의 향이 생강의 알싸한 향과 어우러져 비 오는 날이나 겨울밤, 마음을 차분하게 다독여 주던 시간들.

이맘때면 동네 곳곳에 퍼지던 모과 향이 생각난다. 아버지의 차 안에서도 항상 모과 향이 가득했다. 가을의 모과 향은 그 시절 아버지의 따뜻한 숨결과 함께였다.

어른이 된 뒤 다시 만난 생강모과차는 오래전의 나를 조용히 데려왔다.

한 모금 속에서 되살아나는 오래된 시간들. 나는 그제야 알았다. 차는 때때로 기억의 문을 여는 자물쇠라는 것을.

생강모과차는 전통 한방차의 한 종류로, 예로부터 감기 예방과 기력 회복을 위해 즐겨 마셨다. 《동의보감》에는 모과가 기침과 가래를 멎게 하고 근육을 풀어준다고 기록하고 있다. 생강은 따뜻한 성질로 몸의 기운을 데우고 면역력을 돕는다. 그래서 생강모과차는 겨울철 건강을 지켜주는 약차이자, 우직한 수호차처럼 우리 곁에 머물러 있다.

나는 여러 차들과 함께 계절을 건너왔다. 차를 만드는 사람으로서 몸에 좋은 차들을 배우고 알아가는 과정 속에서 문득 이런 질문이 떠오른다.

"내가 마셔 온 차들이 나를 정의한다면, 나는 어떤 문장으로 완성될 수 있을까?"

나는 고요를 품은 평화로운 사람이고 싶다. 조금 더디더라도 마음을 향해 걷고, 필요한 순간에는 잠시 멈추어 다른 이의 이야기에 귀 기울일 수 있는 사람. 따스함과 평화를 건네는 사람. 하얀 숲을 함께 걸어갈 수 있는, 차 한 잔의 평화 같은 사람.

고요를 품은 평화로움이 마음에 내려앉는다. 그리고 나는 안다. 다시 살아갈 내일에도 하얗고 고요한 평화로움이 선물처럼 준비되어 있으리라는 것을. 그래서 나는 지금 이 순간을 이렇게 이름 지어본다.

하얀 숲, 고요를 품은 평화.

 ## 생강모과차 만드는 방법

준비물

- 모과 2~3개, 생강 100g, 설탕 500g(설탕은 꿀로 대체 가능), 레몬 1개

만드는 방법

① 모과 손질: 깨끗이 씻고 씨를 제거한 뒤 얇게 썬다. 씨에 떫은 맛과 약간의 독성이 있어 제거하는 게 좋다.

② 생강 준비: 껍질을 벗기고 얇게 썬다. 너무 두껍게 썰면 맛이 강해질 수 있다.

③ 재료 섞기: 유리병에 모과 → 생강 → 레몬 → 설탕 순서로 켜켜이 넣는다.

④ 숙성하기: 실온에서 2~3일 두었다가, 냉장 보관하며 약 2주간 숙성시킨다(섞으면 숙성이 조금더 빠를 수 있다).

⑤ 마시는 방법: 뜨거운 물(약 80~90℃)에 2~3스푼 넣어 타면 완성. 꿀 한 스푼을 더 넣으면 목을 부드럽게 해 준다.

TIP **팁**

감기 초기에는 생강 비율을 조금 높이고, 피로 회복용으로는 모과 비율을 더 높이는 게 좋다. 남은 모과 슬라이스는 요거트 토핑이나 디저트 장식으로도 활용 가능하다.

TIP **블렌딩 팁**

1. 생강모과차+ 대추 (김기 예방. 몸살 완화)

생강의 매운맛을 대추의 은은한 단맛이 보완해주며, 온열 작용을 강화하여 면역력 증진에 탁월하다.

2. 생강모과차+계피 (수족냉증. 혈행 개선)

계피 특유의 향과 따뜻한 성질이 생강, 모과와 잘 어울리며, 혈액 순환 개선에 도움을 준다.

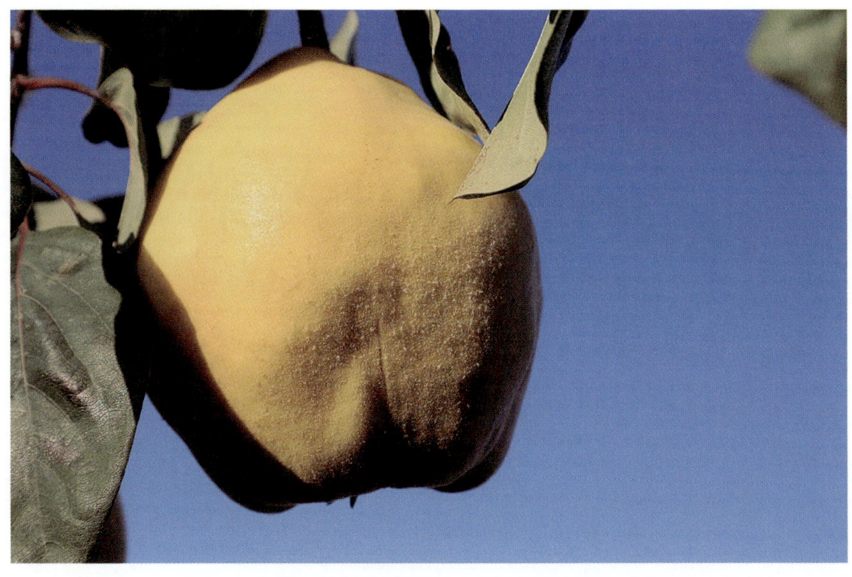

3. 생강모과차+배 (기침 완화. 가래 제거)

모과와 배는 모두 기침과 가래 증상 완화에 도움을 주는 기관지 건강의 대표 주자이다. 배의 시원하고 달콤한 맛이 더해져 맛이 한층 부드러워진다.

4. 생강모과차 + 레몬 (피로 회복, 면역력 강화)

레몬의 상큼한 향과 비타민 C가 더해져 피로 회복에 좋고, 생강의 매운 맛을 중화시켜 더 산뜻하게 즐길 수 있다.

5. 생강모과차 + 꿀 (에너지 보충. 기침 완화)

꿀은 생강과 모과 모두와 훌륭한 궁합을 자랑하며, 차의 풍미를 높이고 목넘김을 부드럽게 해준다.

이 블랜딩 재료들은 주로 청(淸) 형태로 만들어 따뜻한 물에 타서 마시거나, 재료를 함께 끓여 차로 우려내는 방식으로 즐길 수 있다.

이은주 속까지 붉게 피어나는 혈관청소부, 비트 차

고드름: 얼음 속에 잠든 절망의 극복

이은주

　해마다 12월, 옷깃을 세우고 목도리를 감싸 올리 때쯤이면, 땅속의 보물 같은 무들이 밝은 얼굴을 내민다. 더 추워야 더 달아지는 겨울 무다.

　김장을 마치고 남은 무들은 어느새 지붕 위에 올라 햇볕에 말라가고, 남은 김장 양념 한 바퀴 휘돌리고 나면 멋진 무말랭이 반찬이 된다. 동치미는 또 어떤가. 뽀얀 무의 모습 그대로 살얼음 동동 띄워 한 사발 식탁에 오르면 금세 동이 난다.

이 무렵이 되어야 내가 기다리던 진주 같은 비트도 단맛이 올라 몇십 킬로씩 제다실로 들어온다. 땅속의 붉은 진주, 비트차를 만들기 좋은 계절은 겨울이다. 그래서 나의 12월과 1월, 2월은 언제나 손끝이 붉다.

무와 비트, 콜라비는 겨울 언 땅 속에서 차가운 기운을 견디며 단맛을 단단하게 키워낸다. 지붕 끝에 고드름이 맺히듯, 이 뿌리들도 얼어붙은 땅속에서 서서히 자신만의 단맛을 만들어낸다. 밤 기온이 떨어지면 뿌리채소는 얼지 않으려 수분을 줄이고, 자당·포도당·과당 같은 용해당을 늘려 세포의 삼투압을 높인다. 그 결과 당도가 오르고, 더 달게 느껴진다. 그래서 첫서리가 내린 1~2주가 바로 이 채소들이 가장 맛있는 때다.

차가운 기운을 정면으로 맞아도 뿌리는 얼지 않는다. 추위 속에서 수분을 줄이고 당을 높여 스스로를 지킨다. 우리의 삶도 그렇지 않은가. 언제나 꽃 피는 봄날만 있는 것은 아니다. 어려움을 달게 바꾸는 연습이 필요하다. 겨울 땅을 견디는 뿌리에서 우리는 역경을 이기는 법을 배운다. 고드름이 녹으며 맑은 물이 되듯, 고통 속에서 맑은 힘이 피어난다.

겨울 뿌리 차를 마주하면 '극복'이라는 단어가 떠오른다. 차갑고 단단한 계절을 통과하며 단맛이 깊어지듯, 삶과 배움도 서두르지 않고 버티는 시간 속에서 농도가 생긴다. 보이지 않는 시간 속에서 우직하게, 단단하게 자라는 것이야말로 가장 큰 저장고가 된다. 우리는 그 묵묵함을 배우며 매일의 공정과 기록, 작은 반복으로 힘을 축적한다. 차갑던 계절을 단맛으로 익혀내듯, 오늘의 어려움을 내일의 성공으로 바꾸어간다.

비트는 고대 이집트 유적과 메소포타미아 기록에 등장하며, 그리스·로마 문헌에도 식용과 약용으로 언급된다. 초기에는 잎(근대)을 주로 이용했으나 점차 뿌리 사용이 확대되었다.

비트에는 천연 무기질산염이 풍부해, 체내에서 질산염이 먼저 아질산염으로 바뀌고, 이어 질소산화물로 전환되면서 혈관을 확장하고 내피 기능을 돕는다. 이 과정이 혈압을 개선하고 운동 시 산소 효율을 높이는 근거가 된다. 또한 식후 혈당 급상승이 적은 채소로, 단백질·지방(요거트·견과), 식이섬유(잎채소·씨앗)와 함께 먹으면 식후 혈당을 완화한다.

나는 매년 제주에서 생산되는 비트를 구입한다. 몇 해 전 12월에는 100킬로그램을 주문했는데, 껍질이 단단하고 목질화되어 사용하지 못했던 적이 있다. 비트는 저온이 장기화되면 당과 조직 치밀도는 높아지지만 수분과 대사

속도가 낮아진다. 너무 오래 두면 목질화가 진행되므로 적기에 수확하고 가공하는 것이 중요하다. 그래서 농가에서는 해마다 비트가 자라는 동안 물 주기와 보온에 세심한 주의를 기울인다.

뿌리가 보이지 않는 땅속에서 자연의 역경을 딛고 자라듯, 우리의 삶도 때로는 느리고 더딜지라도 끝까지 이어질 때 힘이 된다. 오늘 우리의 하루에도 작지만 단단한 단맛이 스며들길 바란다. 눈에 보이지 않는 시간의 축적이 힘이 되고, 꾸준한 반복이 결국 성공으로 이어지길 기대한다.

겨울의 고드름처럼 얼음 속에 잠든 절망도 언젠가는 녹는다. 그 얼음 속에서 우리는 스스로의 단맛을 키워낸다. 차가운 계절을 견디며 단단히 익어가는 비트처럼, 우리의 내면에도 붉은 열정과 생명이 다시 피어난다.

얼음 속 잠든 절망의 극복, 그것이 바로 겨울의 고드름과 뿌리가 우리에게 가르쳐주는 삶의 힘이다.

 ## 비트 차 만드는 방법

준비물
- 가급적 수분이 적고 단맛이 강한 겨울 비트를 준비하는 것이 좋다.

만드는 방법
① 뿌리의 두터운 갈색 윗부분만 깎아내고 0.5센티미터 크기로 깍둑썰기 한다.

② 덖음팬 250℃ 이상에서 제대로 익혀낸다.

③ 잘 익은 비트는 뜨거울 때 주물러 유념을 강하게 한다.

④ 덖음과 유념 공정을 2회 정도 반복한 후 비트 색이 전체적으로 균일한 검은 색이 되었을 때 건조시킨다. 이때 건조 온도는 50도~60도 정도가 좋다.

※ 소화(小火) 탈토향 유념법 비트 차 만들기: 흙내(토향)를 날리고, 유념으로 향을 정리하는 공정

TIP 제다·활용 팁 (차/음용 관점)

색과 항산화 보존:

비트의 주요 성분 베탈라인은 열·산소·긴 가열에 취약하다.

너무 강한 열에서 오래 찌면 비트의 색이 갈변한다.

너무 강한 열에 오래 덖으면 비트 차의 수색이 주황색이 된다.

단시간(1~3분) 우려낸 후 후 바로 음용하는 것이 좋다(항산화 일반론 및 색소 특성 근거).

TIP 비트 차의 '붉음'이 '주황'으로 변하는 이유

비트 차를 오래 두면 붉은빛이 옅어지며 점차 주황빛을 띠기 시작한다. 핵심은 색소의 세대교체에 있다.

비트의 대표 색소인 베타시아닌(betanin)은 붉은 계열의 색을 내지만, 시간이 지나며 서서히 분해되고 산화된다. 그 자리를 대신하는 것은 비교적 안정적인 주황·노란 색소인 네오베타닌(neobetanin)과 베탁산틴(betaxanthin)이다.

즉 붉은색이 줄고 노란색이 남으면서 전체가 주황빛으로 보이는 것이다. 이 전환에는 몇 가지 조건이 작용한다.

첫째, 산소·열·빛의 누적 노출이다. 장기 보관 중에 미량의 산소나 잔열, 산란광에 노출되면 베타시아닌은 이성화, 탈수소화, 탈카복실화 반응을 거치며 색조가 점차 변한다.

둘째, pH와 금속 이온의 영향이다. pH가 중성에 가까울수록, 그리고 철·구리 등 금속 이온이 존재할수록 붉은 색소의 분해가 빨라진다.

따라서 색을 지키려면 산소·빛·열·수분의 관리가 무엇보다 중요하다. 비트의 붉음은 섬세한 자연의 균형 위에 서 있다. 조심스럽게 다룰수록 오래도록 그 붉은빛이 머문다.

이은주 면역력을 올리고 염증을 잡는 연고차

마음의 담요: 온기를 품은 배려

이은주

폴리텍 야간대학교에서 산야초를 배우던 시절, 내 주변의 풀과 나무는 모두 술이 되고 차가 되고 약이 되었다. 하루도 들과 산을 비우지 않았고, 다음 블로그에 700여 편의 기록을 남기며 약초 노트를 채웠다. 집을 나서면 모든 것이 재료였고, 사계절 어느 때도 빈손으로 돌아온 적이 없었다.

이른 봄, 노란 개나리가 마을을 환하게 물들일 때 자주 가는 산기슭에서 채취해온 꽃으로 작은 병 네 개에 개나리꽃술을 담가 두었다. 그리고 1년 뒤, 회사에서 근무하던 어느 날 아들의 전화가 걸려왔다.

"엄마, 효소장에 있던 갈색 병 술…. 그거 뭐야?"

"개나리꽃술인데, 왜?"

머뭇거리던 아들이 자백했다. 친구와 밖에서 놀다가 우리 집에 와서, 진열장을 뒤져 그 술 한 병을 마셨다고. 그런데 며칠째 앉기도 불편할 만큼 아팠던 친구의 엉덩이 종기가, 그 술을 마신 뒤 하루 이틀 지나며 가라앉기 시작했다는 것이다. 친구가 "그 술이 뭐냐?"고 물어 오자, 아들은 혼날 각오로 사실을 털어놓았다.

나는 말했다. "그럼 남은 세 병 중 한 병은 그 친구에게 줘. 약술이라 생각하고 조금씩만 마시라고 전해."

그때 알았다. 개나리꽃과 열매(연교)가 염증에 두루 쓰인다는 책 속 지식이, 누군가의 일상 통증 앞에서 실제의 효험으로 닿을 수 있다는 것을.

개나리 열매(연교)는 일반적으로 늦여름부터 가을 사이에 여문 뒤에 채취한다. 한의학과 중의학에서는 성숙도에 따라 두 가지로 나눈다. 청교(靑翹, 8~9월경)는 아직 녹색빛이 남아 있는 미성숙 열매이고, 노교/황교(老翹/黃翹, 10월 전후)는 완전히 익어 황갈색이 된 열매를 말한다.

전통적으로 연교는 단일 재료로만 쓰기보다, 감기 · 몸살 · 염증을 완화하는 해열 · 해독 계열 방제에 소량으로 배합해 쓰는 경우가 많았다. 대표적으로 은교해독환(銀翹解毒丸)이나 도라지감길차 등에서 핵심 재료로 사용된다.

가을이면 나는 연교를 한 봉지쯤 따 온다. 잠시 고민한다. 술을 담을까, 차를 만들까? 결국 나는 어김없이 연교를 넣은 도라지감길환을 빚는다. 환절기마다 크게 앓던 지인들이 생각나서 미리 준비하는 셈이다. 연교철이 되었는데 이것 하나쯤 만들어 두지 않으면 사실 뭔가 허전한 느낌이 들기도 한다. 나도 평소에는 특별히 아프지 않지만, 기관지 건강을 위해 환절기에는 예방한다는 마음으로 그 작은 환을 곁에 두고 몇 알씩 챙겨 먹는다.

배려는 큰 제스처가 아니다. 보이지 않는 곳에서, 내가 할 수 있는 작은 친절을 조금씩 실천하는 것으로 조용히 표현된다. 우리를 살리는 힘은 요란한 말이 아니라, 계절을 건너도 변하지 않는 한 사람의 수고와 기다림, 그리고 온기 품은 배려로 아끼지 않고 내어 놓는 따뜻한 마음이다. 아침 저녁으로 기온이 큰 요즘, 그대 앞에 면역력을 올리고 열 감기를 예방하며 염증을 잡는 연교차 한 잔 어떠한가?

 ## 연교차 만드는 방법

🍃 준비물
- 연교 300g, 꿀 50g, 물 50g(꿀과 물은 1:1 비율로 섞어서 준비)

🌀 만드는 방법
① 잘 씻고 다듬은 연교를 200℃ 온도에서 바짝 마를 때까지 덖는다.
② 건조가 된 연교에 배합된 꿀물을 나누어 코팅하면서 덖는다.
③ 건조와 꿀 코팅을 2~3회 반복한 후 수분이 다 날아갈 때까지 덖는다.
④ 윤기가 나는 연교를 식히면 마치 사탕알처럼 떨어질 때 병에 넣어 보관한다.
※ 연교 밀건(蜜乾) 차(꿀 코팅 후 건조)

TIP 팁
- 말린 연교 1~2g + 90~95℃ 물 250ml → 5~7분. 약간 쌉싸름하고 풋향이 난다.
- 너무 쓰면 배 2~3쪽, 대추 1알, 감초 1조각 중 1가지만 더해 밸런스를 잡아준다.
- 초기 열감·목 따가움에 배합하기 좋은 방제 연교 4 + 도라지 3 + 배 10g + 박하 0.5)

- 연교청(연교 : 꿀 = 1 : 1)으로 2주 숙성 후 온수에 타 마시거나, 소량의 약술로 1~2 티스푼을 뜨거운 물에 희석해 차처럼 즐기면 된다.
- 열감기 초·중기, 목이 붓고 따갑거나, 염증성 열감이 있을 때 보조적으로 마시고 평소에는 쌉싸름한 해독 계열 허브티로 가볍게 마시면 좋다.

백년초 열매는 가시가 남아 있을 수 있으니
반드시 장갑을 끼고 만지거나 먼저 토치로 겉
면을 한 번 그을려 주는 것이 좋다.

하늘: 깨끗하게 비운 순수

이은주

"선생님, 차는 무엇입니까?"

"차는 두 번째 심장 같다."

처음엔 그 말이 잘 와닿지 않았다. 그런데 티하우스를 열고, 날마다 사람들과 마주 앉아 차를 우리다 보니 그 말이 마음속에서 자꾸 되살아났다. 차 한 잔을 사이에 두고 앉으면 사람은 조금씩 긴장이 풀어진다. 처음엔 안부를 묻고, 날씨 이야기를 하고, 차 향 이야기를 한다. 그러다 찻물이 온도를 잡듯 마음도 조금씩 온도를 찾는다. 누구에게도 꺼내지 못했던 고민, 자식 이야기, 아픈 관계, 실패한 장사 이야기 그런 것들이 어느 순간 찻잔의 온도에 녹아내린다. 나도 모르게 "그랬어요?" 하고 듣고 있는 나를 보게 된다. 그때마다 나는 생각한다. 아, 차는 정말 사람의 두 번째 심장이구나. 식어 있던 마음을 다시 뛰게 만드는.

그 다음 해였을까. 선생님께서 갑자기 전화를 주셨다.

"일하다가 문득 생각이 나서요. 차는…. 계절 같아요."

왜 그렇게 생각하셨냐고 묻자 선생님은 이렇게 말씀하셨다.

"사람 인연이 그렇잖아요. 가까워졌다가도 사라지고, 잊은 듯하다가도 다시 오고. 계절처럼."

그 말을 듣는 순간, 나는 우리가 함께 걸어온 시간을 떠올렸다. 사람 사는 세상은 늘 같지 않다. 너무 성급히 다가온 인연은 금세 멀어지고, 뜨겁게 시작한 관계도 사정이 생기면 잠시 접어두게 된다. 20년 지기, 30년 지기라고 말하는 사람들도 사실은 매일 붙어 있었던 게 아니다. 떨어져 있던 시간, 서로의 소식을 모르는 시간, 아무 일 없는 듯 지나가 버린 시간까지 합쳐져서 그 세월이 되는 것이다. 인연은 매일 보는 데서만 자라지 않는다. 멀어져 있는 동안에도 마음이 끊어지지 않았다면, 그건 아직 끝난 인연이 아니다.

어떤 때는 의도하지 않은 일들이 툭 하고 끼어든다. 세상의 질투, 시기, 오해, 말의 꼬리 같은 것들이 관계를 흔들어 놓는다. 그때 선생님은 나를 더 지키기 위해, 오히려 나와 거리를 두셨다. 많은 차인들 사이에서 굳이 나를 드러내지 않고, 나를 감싸듯 무관심을 선택하셨다. 그게 그분의 방식이었다. "너는 네 힘으로 서라. 남의 그늘 말고, 너만의 다다티하우스로." 그렇게 말 없이 밀어주신 거였다.

하지만 나는 처음엔 선생님의 마음을 몰랐다. 그때의 나는 정말로 엄마가 사라진 것 같았다. 갑자기 나를 보지 않으니, 연락이 뜸해지니, 버려진 줄 알았다. 이별이라는 말에는 늘 원망과 그리움이 함께 묻어 있다. 멍하니 차를 올린 적도 있고, 미친 사람처럼 차 공부에 파묻힌 날도 있었다. "내가 뭘 잘못했지?" 하며 스스로를 탓하기도 하고, "나도 더 높이 설 거야" 하며 이를 악물기도 했다.

그런데 어느 날, 그 말이 다시 떠올랐다.

"차는 계절 같다."

계절은 떠나는 것처럼 보이지만 사실은 돌아오는 것이다. 봄이 떠나서 여름이 오고, 여름 뒤에 가을이 오고, 겨울이 오면 끝난 것 같아도 다시 봄이 온다. 안 오는 계절은 없고, 너무 빨리 오는 계절도 없다. 그저 때가 되면 온다. 인연도 그렇다. 잊은 듯 살다가도, 어느새 샘물처럼 다시 솟아오른다. 괜히 생각나고, 괜히 그립고, 괜히 그 사람에게 차 한 잔 올리고 싶어지는 날이 온다. 그게 인연의 계절이다.

그래서 나는 이제 안다.

그분과 내가 다시 마주 앉는 날이 올 수도 있고, 오지 않을 수도 있다. 오지 않아도 서운하지 않다. 왜냐하면 우리는 이미 한 계절을 함께 지났으니까. 하지만 만약 어느 날, 예순이 넘은 내가, 지천명을 넘어선 그분이, 다시 다다티하우스 찻상에 마주 앉게 된다면 말하지 않아도 될 것이다. 어떻게 버텼는지, 어떻게 지켰는지 우리는 서로의 얼굴만 봐도 알 것이다. 주름이 말해줄 테고, 손등의 굳은살이 말해줄 테고, 오랫동안 차를 덖은 사람만의 자세가 말해줄 것이다. 그때가 되면 나는 아마 이렇게만 말할 것이다.

"오셨군요."

그리고 아무렇지 않은 듯 차를 우리고, 그 차의 온기를 서로에게 건넬 것이다. 계절이 돌아왔으니까. 차는 그런 것이다. 한 번의 만남으로 끝나지 않고, 잊은 듯 살다가도 다시 생각나는 것. 서로를 너무 사랑했기 때문에 잠시 멀어질 줄도 아는 것. 더디고 조용하지만 결국 돌아오는 것.

그래서 차는…. 정말로 계절 같다.

처음 선생님이 나의 공방에 왔을 때 내 손끝은 온통 붉은 끝동을 달고 있었다. 가시 달린 백년초 열매를 썰다가 마주한 첫 만남이었다. 보라색 동글

동글한 것이 무엇이냐며 재미있게 물으셨다. 가시가 남아 있을 수도 있으니 조심하라 일렀는데 그 말이 떨어지기 무섭게 선생님 손에는 작은 가시가 박혀들었다.

백년초는 우리 땅에서 자생하던 식물이 아니다. 멕시코가 고향인 선인장이 제주와 남해의 따뜻한 해안에 자리 잡으면서 '오래 사는 풀'이라는 이름을 얻었다. 돌담 사이, 바닷바람에도 꿋꿋이 자라는 모습이 사람들에게 긴 세월을 버티는 생명력으로 보였고, 1990년대 이후에는 붉은 열매를 활용한 건강식품과 관광상품으로 널리 알려졌다. 백년초차는 바닷바람도 이겨내는 선인장의 항산화 성분을 우려낸 차로, 몸속 열을 식히고(청열), 노화 원인이 되는 활성산소를 줄이는 데 도움을 준다. 진한 점액질과 식이섬유가 장을 부드럽게 해 변비 예방에도 좋고, 당 흡수를 천천히 해줘 식후 혈당 관리가 필요한 사람에게도 어울린다. 붉은 빛이 곧 항산화력이다. 백년초차는 피부가 지치기 쉬운 계절에 은은한 도움을 주고, 장을 편안하게 해주어 여성들 사이에서 인기가 많다.

깨끗하게 비워낸 순수한 차 한 잔에는 맑음이 머문다. 그 맑음 안에서는 그리움도 조금 더 편안해지고, 후회도 부드러워지고, 흘려보낼 것들은 더 아름답게 흘러간다. 가끔은 아무 일 아닌 듯 비워낼 때가 가장 아름답다. 잘 비워진 찻잔이 다시 뜨거운 차를 온전히 받아들이듯, 인연도 그러할 것이다. 떠났던 마음이 계절처럼 다시 돌아와, 어느 날 아무렇지 않게 와글와글 옛이야기를 풀어 놓을지도 모른다. 비워낸 만큼 다시 채워지는 마음으로, 이 생이 다하는 날까지 나의 찻자리는 그렇게 따뜻하고, 그렇게 행복할 것이다.

백년초차 만드는 방법

🍃 준비물
- 백년초 열매

⭕ 만드는 방법

① 백년초 열매를 4등분한다. 백년초에는 끈적한 점액질이 많아, 바로 덖기에는 적합하지 않다.

② 4등분한 열매를 수분이 약 40% 정도 남을 때까지 건조시킨다(겉은 마르고 속은 약간 촉촉한 상태).

③ 말랑한 젤리처럼 말라가는 단계에서 열매를 더 잘게 잘라준다.

④ 250℃ 정도의 덖음 팬에서 천천히 덖어준다. 남아 있는 수분으로 안쪽까지 골고루 익으며, 잘 익은 차일수록 우렸을 때 맛이 깊다.

⑤ 덖은 뒤 낮은 온도에서 다시 건조시킨다.

⑥ 건조가 끝난 백년초 열매에 생과를 아주 소량 잘라 '코팅하듯' 한 번 더 덖은 후, 최종 건조하여 마무리한다.

TIP 백년초청 만들기 팁

- 재료: 백년초 열매 1kg, 설탕 1~1.2kg(동량~약간 많게), 레몬즙 1~2 큰술 (산도·색 보존용, 선택)

1. 손질

장갑 끼고 가시 제거 → 깨끗이 씻고 → 물기 완전 제거

이쑤시개로 열매의 곳곳을 찔러 구멍을 낸다.

2. 설탕 섞기

백년초: 설탕 = 1: 1 기본

색을 진하게 살리고 보관성을 올리려면 1:1.2 고르게 섞어서 유리병에 담고, 윗면 설탕으로 한 번 덮는다.

3. 숙성

실온 2주 정도 두고 쓰면 맛이 둥글어진다.

이은주   피부에 좋은 미인동안수차

새해 아침: 첫빛에 담은 행복

이은주

매일 아침 티하우스 문을 연다. 밤새 고여 있던 공기를 먼저 바꿔준다. 출입문을 활짝 열어두면 바깥 공기가 조심스레 안으로 스며들고 툭, 툭, 툭 걸레 자락이 테이블 모서리를 스치며 지난밤의 먼지를 털어낼 때쯤이면 어제의 온기와 오늘의 공기가 뒤섞여 느껴진다.

음악을 켠다. 누구에게 보여주지 않아도 늘 같은 순서로 흘러나오는, 나만의 '오프닝 의식' 같은 음악이다. 어느새 내 손에는 따뜻한 찻잔이 하나 올라와 있다. 블라인드 사이로 누운 햇살이 비집고 들어와 테이블 위에 부드러운 빛의 자국을 만든다. 그 사이로 김이 피어오르는 차향이 천천히 퍼진다.

저 건너편 논 풍경이 오늘은 또 어떻게 달라졌는지 한 번씩 눈에 담는다. 계절과 날씨에 따라 논빛이 조금씩 바뀌듯, 내 마음도 그날그날 다른 표정을 한다. 그 장면을 바라보다 보면 문득 이런 생각이 든다.

'이렇게 행복해도 되나?'

누가 크게 알아주는 것도 아니고, 화려한 간판이 있는 것도 아닌 작은 티하우스. 매일 아침 문을 열고, 공기를 갈아 넣고, 첫차를 우려 한 모금 마시는 이 순간만큼은 세상 어느 자리보다 소중하다. 이 여유로운 찻잔 하나가, 내 삶에서 가장 확실한 축이 되어 준다.

한때 나는 이렇게 차를 여유롭게 마실 줄 몰랐다. 지금의 티하우스를 짓기 위해 달려온 10년 동안, 늘 바빴다. 차를 좋아한다고 말하면서도 정작 매일 앉아서 차 한 잔을 온전히 마시는 날은 많지 않았다. 공부를 향한 발걸음은 언제나 만만치 않았다. 새로운 자격 과정, 수업 준비, 공방과 카페를 오가며 쌓여가는 할 일들…. '차를 공부한다'는 말은 듣기에는 낭만처럼 보이지만, 그 길 위에서 자주 지치고 흔들렸다.

하고 싶은 것은 계속 늘어나는데, 시간도 몸도 따라주지 않을 때가 있었다. 가끔은 '이쯤에서 그만둘까?' 하는 생각이 진지하게 마음속에 머물렀다. 사람에게 상처받는 일도 있었다. 함께 가자고 믿었던 사람이 어느 순간 등을 돌리기도 하고, 정성을 들인 자리가 아무 일 없던 듯 지나가 버리기도 했다.

그 시절의 나는, 삶에 치여 차를 '도구'처럼 쓸 때가 있었다. 잠깐 숨 고르기 위한 마실 거리, 수업을 위한 교재, 누군가에게 설명해야 하는 '콘텐츠'로만 볼 때도 있었다. 차의 가치를 머리로는 이해하고 있었지만, 몸과 일상 깊숙이 들여앉힌 것은 아니었다. 지금 돌아보면, 그때의 나에게 가장 부족했던 건 '나를 위한 차 한 잔의 시간'이었다.

많은 어려움을 지나왔다. 그래도 끝내 나는 이 길을 놓지 않았고, 그 끝에서 작은 티하우스의 주인으로 매일 하루를 연다. 크지 않아도, 번듯한 명함 뒤에 숨지 않아도, 이곳은 나를 가장 나답게 만들어주는 무대다. 그리고 그 무대의 한가운데에는 언제나 '차'가 있다.

이제 차는 나에게 단순한 음료가 아니다. 차는 내 이야기를 들어 주는 친구이고, 나를 다시 중심으로 데려다 놓는 의식이다. "그래, 여기까지 잘 왔다"는 속삭임이 심장에 와 닿는다.

손님들에게 차를 내어주는 일도 마찬가지다. 내가 힘들었던 시절, 차 한 잔이 나를 버티게 해 주었던 것처럼, 누군가에게도 이 한 잔이 작은 숨 쉴 틈이 되기를 바라며 다관을 든다. 손님의 표정이 차 한 잔 후 조금 부드러워지는 그 순간, 지난 10년의 고비들이 헛되지 않았다는 걸 깨닫는다.

이제 나에게 차란, 나를 나답게 살게 하는 벗이다. 나는 오늘도 그 벗과 함께 티하우스의 문을 연다.

오늘의 차는 미인동안수차다. 겨울 문턱이 보이기 시작하면, 나는 어김없이 생강과 한 해를 맞이한다. 올해도 겨울 초입부터 하루에 10kg씩 생강을 다듬었다. 손끝이 얼얼해질 만큼 채를 썰고, 비비고 문지르다 보면, 주방 가득 퍼지는 그 알싸한 향이 "아, 또 이 계절이 왔구나" 하고 알려준다. 어느 날은 진하게 청을 담그고, 또 어느 날은 바삭한 편강을 만들었다. 겨울에 생강 몇 알만 있으면 참 든든하다.

집 어디엔가 늘 굴러다니는 계피 막대 몇 개, 서랍 속에 굴러다니는 감초 조각, 대추 두어 알, 말려 두었던 진피까지 꺼내면, 어느새 주전자는 따뜻한 동안 비법으로 가득 찬다. 그렇게 탄생한 오늘의 미인동안수차는, 마치 오래 알고 지낸 친구처럼 익숙하면서도 매번 새롭다.

겨울 공기가 코끝을 스치기 시작하면 우리 몸은 스스로를 방어하기 위해 말초 혈관을 조이고 열이 밖으로 빠져나가는 것을 막으려 한다. 그래서 손발이 차고, 배가 쉽게 냉해지고, 소화도 더디고 둔해진다. 이때 생강은 속을 따뜻하게 덥혀주고 찬 기운을 흩어 주는, 그야말로 겨울을 위한 뿌리이다. 한의학에서 말하는 온중산한(溫中散寒), 즉 속을 덥히고 한기를 풀어주는 작용을 하는 대표적인 재료가 바로 생강이다. 따뜻한 생강차를 마시면 위장이 먼저 포근해지고, 혈액순환이 활발해져 차갑게 얼어 있던 손발까지 서서히 온기를 되찾는다. 여기에 계피와 감초가 더해지면 피부의 보약이다.

때때로 나는 묻는다. 차를 덖고 가르치며, 어떤 사람이 되길 원했을까?

처음 차를 배우고, 덖고, 우려내던 시절의 나는 그저 '차를 잘 아는 사람'이 되고 싶었다. 잎의 상태만 봐도 산지와 품종을 짐작하고, 덖음의 온도와 시간을 몸으로 기억하는 사람. 어떤 물을 써야 하고, 몇 번째 우림에서 가장 좋은 맛이 나오는지 정확히 짚어 줄 수 있는 사람 말이다. 그때의 나는 '실력'과 '지식'으로 인정받는 차 선생이 되고 싶었다.

하지만 해를 거듭하며 알게 되었다. 사람들이 차를 배우러 오는 이유는, 단지 차의 이름과 법제를 외우기 위해서가 아니라는 것을. 누군가는 지친 마음을 달래기 위해, 누군가는 새로운 삶의 쉼표를 찾기 위해, 또 누군가는 나와 닮은 길을 걷고 싶어 살며시 문을 두드린다는 것을.

그래서 이제 나는, '차를 잘 아는 사람'보다 '사람을 잘 살피는 차 선생'이 되고 싶다. 찻잎을 덖는 손보다 더 중요한 건, 사람의 마음을 덥히는 시선이라는 것을 알게 되었다. 앞으로의 10년 역시, 나는 차를 덖으며 사람을 만나고, 사람을 가르치며 나 자신도 조금씩 더 익어갈 것이다.

"차를 가르치는 사람이기 전에, 차처럼 따뜻하고 깊은 사람이 되자."

새해 아침, 첫빛에 담은 행복은 어떤 것일까? 내면부터 채우는 아름다움을 전하고 싶은 미인동안수차처럼 여러분의 속을 덥히고 싶다.

 ## 미인동안수차 만드는 방법

준비물

- 건강(말린 생강) 계피, 감초 각 10g
- 블렌딩 가능한 재료는 대추, 진피 등이 좋다.

만드는 방법

① 생강을 잘게 잘라 한번 증제한 후 말려둔다.
② 계피와 감초는 잘 씻어서 준비한다.
③ 생강과 감초를 먼저 충분히 끓인 후 불을 끈 상태에서 계피를 넣고 뜸을 들인다.
※ 미인동안 비법 : 수정과에 들어가는 재료의 구성과 비슷하며 설탕 대신 감초가 들어간다.

팁

- 계피 : 음식과 차를 더 단맛이 나게 하고 향이 좋다. 폴리페놀과 같은 강력한 산화방지제가 함유되어 있어 활성산소에 의한 세포 손상으로부터 우리 몸을 보호하는 역할을 한다. 우수한 항산화 작용으로 일부 천연식품 보존제로 사용되기도 한다.
- 감초 : 해독 작용이 뛰어나며 몸속에 쌓은 노폐물이나 중금속 같은 독

성물질을 배출시켜주고 나쁜 물질 식중독 알코올 중독을 예방하는 데 좋다.

- 이 차는 별다른 덖음이나 발효과정을 거치지 않고 우려 마셔도 무방하다.

TIP **생강(건강) 효능**

- 항산화 성분이 풍부하며 염증과 통증을 줄여준다. 건강을 챙기는 필수적인 영양성분과 풍부한 활성성분 진통제 항염 세포손상 예방에 좋으며 공복에 섭취하면 체내에 있는 혈액순환을 향상시키고 소화를 도우며 체액을 조절한다. 수시로 생강물을 마시면 근육 경련 예방 특히 노화방지에 좋다.

다시금, 삶

가을빛이 저물고 겨울이 다가옵니다. 지난 몇 달 동안 우리는 낮에는 찻잎을 덖고, 밤에는 문장을 덖었습니다. 따뜻함을 글과 차에 눌러 담으며, 각자의 자리에서 삶을 온전히 살아내기 위해 함께 차를 만들고 글을 써 내려갔습니다. 새벽마다 쪽잠을 이어 붙였고, 작은 실수가 우리의 책에 누가 되지 않도록 숨을 고르며 끝까지 마음을 담았던 시간들이 스쳐 지나갑니다.

'한국약선차꽃차연합회'라는 큰 울타리 안에서 우리는 서로를 붙잡아 주었습니다. 웃음과 눈물이 오가고, 격려와 위로가 길이 되었습니다. 혼자가 아니었기에 끝까지 걸을 수 있었습니다.

이 책을 마무리하며, 먼저 감사의 마음을 올립니다. 흔들릴 때마다 앞길을 밝혀 주신 이은주 협회장님, 흩어지는 생각을 묶어 주시고 "잘한다, 멋지다." 칭찬을 아끼지 않으며 끝까지 곁을 지켜주신 백미정 작가님, 그리고 나란히 걸어 주고 응원해 주신 동료 선생님들께 깊이 감사드립니다.

말하지 않아도 서로 아는 사이, 바로 우리입니다.

독자님께도 이 마음이 닿기를 바랍니다. 글을 읽는 동안 한 모금의 쉼이 머물고, 페이지를 덮은 뒤에도 마음에 오래도록 김이 서리길, 오늘의 무게를 잠시 내려놓고 다시 따뜻해지시길 바라는 마음입니다.

가을빛 겨울차, 여기서 아름답게 마무리합니다. 하지만 차의 시간도, 우리들의 노력도 끝나지 않습니다. 남은 향이 봄의 새잎을 부를 때까지, 우리는 다시 삶을 살아내며 끓이고 우리겠습니다. 읽어 주셔서 감사합니다.

가을빛 겨울차

작가 일동